Web 前端技术丛书

Vue.js 3.x+ Element Plus

从入门到精通 ·视频教学版·

张工厂 编著

U0293275

清华大学出版社

北京

内 容 简 介

本书通过对Vue.js（简称Vue）的示例和综合案例的介绍与演练，使读者快速掌握Vue.js 3.x框架的用法，提高Web前端的实战开发能力。本书配套示例源码、PPT课件、教学大纲、教案、同步教学视频、习题及答案、其他资源、作者微信群答疑服务。

本书共分15章，内容包括Vue.js 3.x的基本概念、Vue.js模板应用、组件的方法和计算属性、表单的双向绑定、处理用户交互、精通组件和组合API、虚拟DOM和Render()函数、玩转动画效果、熟练使用构建工具Vue CLI和Vite、基于Vue 3的UI组件库Element Plus、网络通信框架axios、使用Vue Router进行路由管理、状态管理框架Vuex、基于Vue的网上商城系统实战，以及基于Element Plus的图书借阅系统实战。

本书内容丰富、注重实践，对Vue.js框架的初学者而言，是一本简明易懂的Vue入门书和工具书；对从事Web前端开发的读者来说，也是一本难得的参考手册。本书也适合作为高等院校或高职高专前端开发相关课程的教材。

图书在版编目（CIP）数据

Vue.js 3.x+Element Plus 从入门到精通：视频教学版/张工厂编著. —北京：清华大学出版社，2024.3
（Web 前端技术丛书）

ISBN 978-7-302-65398-1

Ⅰ．①V… Ⅱ．①张… Ⅲ．①网页制作工具－程序设计 Ⅳ．①TP393.092.2

中国国家版本馆CIP数据核字（2024）第022490号

责任编辑：夏毓彦
封面设计：王　翔
责任校对：闫秀华
责任印制：丛怀宇

出版发行：清华大学出版社
　　　　网　　　址：https://www.tup.com.cn，https://www.wqxuetang.com
　　　　地　　　址：北京清华大学学研大厦A座　　　　邮　　编：100084
　　　　社 总 机：010-83470000　　　　邮　　购：010-62786544
　　　　投稿与读者服务：010-62776969，c-service@tup.tsinghua.edu.cn
　　　　质量反馈：010-62772015，zhiliang@tup.tsinghua.edu.cn
印 装 者：涿州汇美亿浓印刷有限公司
经　　销：全国新华书店
开　　本：190mm×260mm　　　　印　　张：23　　　　字　　数：621千字
版　　次：2024年3月第1版　　　　印　　次：2024年3月第1次印刷
定　　价：89.00元

产品编号：104799-01

前　　言

　　Vue.js（简称Vue）是一套构建用户界面的渐进式框架，采用自底向上增量开发的设计。Vue.js的核心库只关注视图层，并且非常容易学习，与其他库或已有项目整合也非常方便，所以Vue.js能够在很大程度上降低Web前端开发的难度，因此深受广大Web前端开发人员的喜爱。

本书内容

　　本书共分15章，内容包括Vue.js 3.x的基本概念、Vue.js模板应用、组件的方法和计算属性、表单的双向绑定、处理用户交互、精通组件和组合API、虚拟DOM和Render()函数、玩转动画效果、熟练使用构建工具Vue CLI和Vite、基于Vue 3的UI组件库Element Plus、网络通信框架axios、使用Vue Router进行路由管理、状态管理框架Vuex。最后讲解基于Vue的网上商城系统开发和基于Element Plus的图书借阅系统开发，帮助读者进一步巩固和积累Vue.js项目的开发经验。

本书特色

　　系统全面：讲解由浅入深，涵盖所有Vue.js 3.x的知识点，便于读者循序渐进地掌握Vue前端开发技术。

　　注重操作：注重操作，图文并茂，在介绍示例的过程中，每个操作均有对应的插图。这种图文结合的方式，使读者在学习过程中能够直观、清晰地看到操作的过程以及效果，便于快速理解和掌握。

　　案例丰富：把知识点融汇于系统的示例中，并且结合综合案例进行拓展，让读者达到"知其然，并知其所以然"的效果。

　　疑难提示：本书对读者在学习过程中可能会遇到的疑难问题，以"提示"的形式进行说明，避免读者在学习的过程中走弯路。

　　作者答疑：本书作者提供微信群答疑服务，读者在阅读过程中有疑问和问题，均可通过微信群或微信直接联系作者，并可在微信群中相互交流。

丰富的配套资源下载

本书配套资源包括示例源码、PPT课件、同步教学视频、教学大纲、教案、习题与答案、Vue.js 3.x常见错误及解决方法、就业面试题及解答、Vue.js 3.x开发经验及技巧汇总、作者微信群答疑服务等，读者需要用微信扫描下面的二维码获取。如果发现问题或者有疑问，请用电子邮件联系booksaga@163.com，邮件主题写"Vue.js 3.x+Element Plus从入门到精通（视频教学版）"。

本书适合的读者

- Vue 前端开发初学者
- Vue 前端开发人员
- Element Plus 前端开发人员
- Web 应用开发人员
- 高等院校或高职高专 Web 前端开发课程的学生

鸣谢

本书作者除了封面署名的张工厂，还有刘增杰和王英英，在此对他们作出的贡献表示感谢。同时，还要感谢清华大学出版社所有老师对本书出版所付出的努力。

作　者

2024年1月

目　　录

第1章

流行的前端开发框架Vue.js

Vue.js是目前非常流行的JavaScript框架，允许开发人员构建交互式用户界面。它在开发中提供了超强的可扩展性，这也是Vue.js在市场上非常受欢迎的核心原因之一，尤其是对于网站前端开发者来说。本章将重点学习前端开发技术的发展、MV*模式、安装Vue.js、使用Vue.js和Vue.js 3.x的新变化。

1.1 前端开发技术的发展

Vue.js是基于JavaScript的一套MVVC前端框架。在介绍Vue.js之前，先来了解一下Web前端技术的发展过程。

Web刚起步阶段，只有可怜的HTML，浏览器请求某个URL时，Web服务器就把对应的HTML文件返回给浏览器，浏览器做解析后再展示给用户。随着时间的推移，为了能给不同用户展示不同的页面信息，就慢慢发展出来基于服务器的、可动态生成HTML的语言，例如ASP、PHP、JSP等。

但是，当浏览器接收到一个HTML文件后，如果要更新页面的内容，就只能重新向服务器请求获取一个新的HTML文件，再刷新页面。在2G的流量年代，这种体验很容易让人崩溃，而且还浪费流量。

1995年，Web进入JavaScript阶段，在浏览器中引入了JavaScript。JavaScript是一种脚本语言，浏览器中带有JavaScript引擎，用于解析并执行JavaScript代码，然后就可以在客户端操作HTML页面中的DOM，这样就解决了不刷新页面的情况，动态地改变用户HTML页面的内容。再后来发现编写原生的JavaScript代码太烦琐了，还需要记住各种晦涩难懂的API，最重要的是还需要考虑各种浏览器的兼容性，因此出现了jQuery，并很快占领了JavaScript世界，几乎成为前端开发的标配。

直到HTML5的出现，前端能够实现的交互功能越来越多，代码也越来越复杂，从而出现了各种MV*框架，使得网站开发进入SPA（Single Page Application，单页面应用程序）时代。单页面应用程序是指只有一个Web页面的应用。单页应用程序是加载单个HTML页面，并在用户与程序交互时动态更新该页面的Web应用程序。浏览器一开始会加载必需的HTML、CSS和JavaScript文件，所有的操作都在这个页面上完成，由JavaScript来控制交互和页面的局部刷新。

2015年6月，ECMAScript 6发布，其正式名称为ECMAScript 2015。该版本增加了很多新的语法，从而拓展了JavaScript的开发潜力。Vue.js项目开发中经常会使用ECMAScript 6语法。

1.2　熟悉 MV*模式

MVC是Web开发中应用非常广泛的一种架构模式，之后又演变成MVVM模式。

1.2.1　MVC模式

随着JavaScript的发展，渐渐显现出各种不和谐：组织代码混乱、业务与操作DOM杂糅，所以引入了MVC模式。

在MVC模式中，M指模型（Model），是后端传递的数据；V指视图（View），是用户所看到的页面；C指控制器（Controller），是页面业务逻辑。MVC模式示意图如图1-1所示。

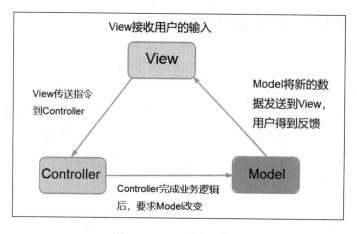

图 1-1　MVC 模式示意图

使用MVC模式的目的是将Model和View的代码分离，实现Web应用系统的职能分工。MVC模式是单向通信的，也就是View和Model需要通过Controller来承上启下。

1.2.2　MVVM模式

随着网站前端开发技术的发展，又出现了MVVM模式。不少前端框架采用MVVM模式，例如，当前比较流行的Angular和Vue.js。

MVVM是Model-View-ViewModel的简写。其中MV和MVC模式中的意思一样，VM指ViewModel，是视图模型。

MVVM模式示意图如图1-2所示。

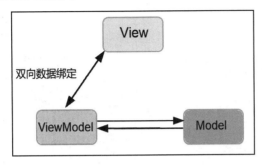

图 1-2   MVVM 模式示意图

ViewModel是MVVM模式的核心，是连接View和Model的桥梁。它有两个方向：

（1）将模型转换成视图，将后端传递的数据转换成用户所看到的页面。

（2）将视图转换成模型，即将所看到的页面转换成后端的数据。

在Vue.js框架中这两个方向都实现了，就是Vue.js中数据的双向绑定。

1.3   Vue.js 概述

Vue.js是一套构建前端的MVVM框架，它集合了众多优秀主流框架设计的思想，轻量、数据驱动、学习成本低，而且可与webpack/gulp构建工具结合以实现Web组件化开发、构建和部署等。

Vue.js本身就拥有一套较为成熟的生态系统：Vue+vue-router+Vuex+Webpack+ Sass/Less，不仅满足小的前端项目开发,也能胜任大型的前端应用开发,包括单页面应用和多页面应用等。Vue.js可实现前端页面和后端业务分离、快速开发、单元测试、构建优化、部署等。

提到前端框架，当下比较流行的有Vue.js、React.js和Angular.js。Vue.js以其容易上手的API、不俗的性能、渐进式的特性和活跃的社区从中脱颖而出。截至目前，Vue.js在GitHub上的受欢迎程度已经超过了其他的前端开发框架，成为最热门的框架。

Vue.js的核心库只关注视图层，不仅易于上手，还便于与第三方库或既有项目整合。另一方面，当与现代化的工具链以及各种支持类库结合使用时，Vue.js也完全能够为复杂的单页应用提供驱动。

1.3.1   Vue.js "组件化" 思想

Vue.js的目标就是通过尽可能简单的API实现响应、数据绑定和组合的视图组件，核心是一个响应的数据绑定系统。Vue.js被定义成一个用来开发Web界面的前端框架，是个非常轻量级的工具。使用Vue.js可以让Web开发变得简单，同时也颠覆了传统前端开发的模式。

Vue.js是渐进式的JavaScript框架，如果已经有一个现成的服务端应用，可以将Vue.js作为该应用的一部分嵌入其中，带来更加丰富的交互体验。或者，如果希望将更多的业务逻辑放到前端来实现，那么Vue.js的核心库及其生态系统也可以满足用户的各种需求。

和其他前端框架一样，Vue.js允许将一个网页分割成可复用的组件，每个组件都包含属于自己的HTML、CSS和JavaScript，如图1-3所示，以用来渲染网页中相应的地方。

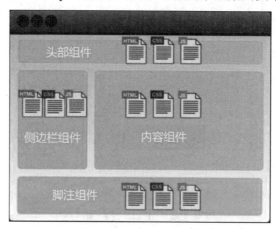

图 1-3   组件化

这种把网页分割成可复用组件的方式就是框架"组件化"的思想。

Vue.js组件化的理念和React异曲同工——"一切皆组件"。Vue.js可以将任意封装好的代码注册成组件，例如Vue.component('example',Example)，可以在模板中以标签的形式 调用。

example是一个对象，组件的参数配置经常使用到template，它是组件将要渲染的HTML内容。例如，example组件的调用方式如下：

```
<body>
<h1>我是主页</h1>
<!-- 在模板中调用example组件 -->s
<example></example>
<p>欢迎访问我们的网站</p>
</body>
```

如果组件设计合理，在很大程度上可以减少重复开发，而且配合Vue.js的单文件组件（vue-loader），可以将一个组件的CSS、HTML和JavaScript都写在一个文件中，做到模块化的开发。此外，Vue.js也可以与vue-router和vue-resource插件配合起来，以支持路由和异步请求，这样就满足了开发单页面应用程序的基本条件。

在Vue.js中，单文件组件是指一个后缀名为.vue的文件，它可以由各种各样的组件组成，大至一个页面组件，小至一个按钮组件。在后面的章节将详细介绍单文件组件的实现。

Vue.js正式发布于2014年2月，包含70多位开发人员的贡献。从脚手架、构建、组件化、插件化，到编辑器工具、浏览器插件等，基本涵盖了从开发到测试的多个环节。

1.3.2   Vue.js的发展历程

Vue.js的发展过程如下：

2013年12月24日，发布0.7.0。

2014年1月27日，发布0.8.0。

2014年2月25日，发布0.9.0。

2014年3月24日，发布0.10.0。

2015年10月27日，正式发布1.0.0。

2016年4月27日，发布2.0的Preview版本。

2017年第一个发布的Vue.js为v2.1.9，最后一个发布的Vue.js为v2.5.13。

2019年发布Vue.js的2.6.10版本，也是比较稳定的版本。

2020年9月18日，Vue.js 3.0正式发布。

2023年12月28日，Vue.js 3.4正式发布。

1.3.3　Vue.js 3.4的特性

目前，Vue.js的版本已经更新到3.4，这次更新不仅带来了性能上的飞跃，还引入了许多新特性，进一步优化了开发效率。

1. 性能提升

在性能方面，Vue.js 3.4全新重写了模板解析器。与之前基于正则表达式的解析器相比，新的解析器通过单次遍历整个模板字符串来解析模板，显著提高了解析速度，模板解析器速度提高了2倍。无论是小型还是大型的Vue.js模板，新解析器都能保持2倍的性能提升，同时确保了向后兼容性。

2. 重构响应系统

Vue.js 3.4重构了响应系统。在旧版本中，即使计算属性的结果未发生变化，每次依赖项更新，观察者也会被触发。而在Vue.js 3.4中，优化后的系统确保只有在计算结果实际变化时，相关的效果才会被触发，从而减少了组件的不必要渲染，提升了整体的性能。

3. API改进与新特性

Vue.js 3.4中引入了非常多的新特性，主要更新如下：

（1）defineModel API的稳定化及功能：这个API主要用于简化支持v-model的组件实现，并在新版本中增加了对v-model修饰符的支持。

（2）v-bind的同名简写功能：Vue.js 3.4引入了v-bind的同名简写功能，使得开发者在模板中绑定属性时，可以省略重复的变量名。当属性名和绑定的变量名相同时，可以直接使用属性名，从而使模板更加简洁。

（3）watch新增once选项：Vue.js 3.4为watch函数增加了once选项，这使得观察者在第一次检测到变化时就会停止，适用于只需响应一次数据变化的场景。这个新选项提供了一种简洁的方式来防止重复触发。

（4）对MathML的支持：Vue.js 3.4对MathML的支持，意味着开发者现在可以在Vue应用中直接使用MathML来呈现数学公式和符号。MathML是一种标记语言，用于描述数学公式的结构和内容。这一功能的加入使得Vue.js适用于更广泛的应用场景，特别是在需要展示复杂数学内容的教育和科学出版领域。

1.4　安装 Vue.js 3.x

Vue.js的安装有4种方式：

（1）使用CDN方式。
（2）使用NPM方式。
（3）使用命令行工具（Vue Cli）方式。
（4）使用Vite方式。

1.4.1　使用CDN方式

CDN（Content Delivery Network，内容分发网络）是构建在现有网络基础之上的智能虚拟网络，依靠部署在各地的边缘服务器，通过中心平台的负载均衡、内容分发、调度等功能模块，使用户就近获取所需的内容，降低网络堵塞，提高用户访问响应速度和命中率。CDN的关键技术主要有内容存储和分发技术。

使用CDN方式来安装Vue框架，就是选择一个提供稳定Vue.js链接的CDN服务商。选择好CDN后，在页面中引入Vue的代码如下：

```
<script src="https://unpkg.com/vue@3/dist/vue.global.js"></script>
```

1.4.2　NPM

NPM是一个Node.js包管理和分发工具，也是整个Node.js社区最流行、支持第三方模块最多的包管理器。在安装Node.js环境时，安装包中包含NPM，如果安装了Node.js，则不需要再安装NPM。

用Vue构建大型应用时推荐使用NPM安装。NPM能很好地和诸如Webpack或Browserify模块打包器配合使用。使用NPM安装Vue.js 3.x：

```
# 最新稳定版
npm install vue@latest
```

由于在国内访问国外的服务器非常慢，而NPM的官方镜像就是国外的服务器，为了节省安装时间，推荐使用淘宝NPM镜像CNPM，在命令提示符窗口中输入下面的命令并执行：

```
npm install -g cnpm --registry=https://registry.npm.taobao.org
```

之后可以直接使用cnpm命令安装模块，代码如下：

```
cnpm install 模块名称
```

注意 通常在开发Vue.js 3.x的前端项目时，多数情况下会使用Vue CLI先搭建脚手架项目，此时会自动安装Vue.js的各个模块，不需要使用NPM单独安装Vue.js。

1.4.3　命令行工具

Vue提供了一个官方的脚手架（Vue CLI），使用它可以快速搭建一个应用。搭建的应用只需要几分钟的时间就可以运行起来，并带有热重载、保存时lint校验，以及生产环境可用的构建版本。

例如想构建一个大型的应用可能需要将东西分割成各自的组件和文件，如图1-4所示，此时便可以使用Vue CLI快速初始化工程。

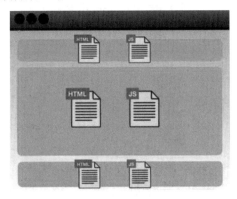

图 1-4　各自的组件和文件

因为初始化的工程可以使用Vue的单文件组件，它包含各自的HTML、JavaScript以及带作用域的CSS或者SCSS，格式如下：

```
<template>
    HTML
</template>
<script>
    JavaScript
</script>
<style scoped>
    CSS或者SCSS
</style>
```

Vue CLI工具假定用户对Node.js和相关构建工具有一定程度的了解。如果是初学者，建议先在熟悉Vue本身之后再使用Vue CLI工具。本书后面的章节将具体介绍脚手架的安装以及如何快速创建一个项目。

1.4.4　使用Vite方式

Vite是Vue的作者尤雨溪开发的Web开发构建工具，它是一个基于浏览器原生ES模块导入的开发服务器。在开发环境下，利用浏览器来解析import，在服务器端按需编译返回，完全跳过了打包这个概念，服务器随启随用。本书后面的章节将具体介绍Vite的使用方法。

1.5　案例实战——使用 Vue.js 框架

在Vue.js 3.x中，应用程序的实例创建语法规则如下：

```
Vue.createAPP(App)
```

应用程序的实例充当了MVVM模式中的ViewModel。createAPP()是一个全局API，它接受一个根组件选项对象作为参数，该对象可以包含数据、方法、组件生命周期钩子等，然后返回应用程序实例本身。Vue.js 3.x引入createAPP()是为了解决Vue 2.x全局配置代理的一些问题。

创建了应用程序的实例后，可以调用实例的mount()方法制定一个DOM元素，在该DOM元素上装载应用程序的根组件，这样这个DOM元素中的所有数据变化都会被Vue.js框架所监控，从而实现数据的双向绑定。

```
Vue.createAPP(App).mount('#app')
```

下面通过设计一个"产品介绍"的简单页面，了解Vue.js 框架的使用方法。

【例1.1】　编写"产品介绍"页面（源代码\ch01\1.1.html）。

这里使用v-bind指令绑定IMG的src属性，使用{{}}语法（插值语法）显示标题<h2>的内容。

```
<!DOCTYPE html>
<html>
<head>
    <meta charset="UTF-8">
    <title>产品介绍</title>
</head>
<body>
    <div id="app">
        <div><img v-bind:src="url" width="450"></div>
        <h2>{{ explain }}</h2>
    </div>
    <!--引入Vue文件-->
    <script src="https://unpkg.com/vue@3/dist/vue.global.js"></script>
    <script>
    //创建一个应用程序实例
    const vm= Vue.createApp({
    //该函数返回数据对象
    data(){
        return{
            url:'1.jpg',
            explain:'最新的洗衣机产品。',
        }
    }
    //在指定的DOM元素上装载应用程序实例的根组件
    }).mount('#app');
    </script>
```

```
</body>
</html>
```

在Chrome浏览器中运行程序，效果如图1-5所示。以上代码成功创建了第一个Vue.js应用，看起来这跟渲染一个字符串模板非常类似，但是Vue.js在背后做了大量工作。可以通过浏览器的JavaScript控制台来验证。

例如，在浏览器上按F12键，打开控制台并切换到Console选项，修改vm.explain="最新的空调产品。"，修改vm.url="2.jpg"，按回车键后，可以发现页面的内容发生了改变，效果如图1-6所示。

图1-5　"产品介绍"页面效果　　　　　　　图1-6　控制台上修改后的效果

出现上面这样的效果，是因为Vue是响应式的。也就是说，当数据变更时，Vue会自动更新所有网页中用到它的地方。除程序中使用的字符串类型外，Vue对其他类型的数据也是响应的。

> **说明**　在之后的章节中，示例不再提供完整的代码，而是根据上下文将HTML部分与JavaScript部分单独展示，省略了<head>、<body>等标签以及Vue.js的加载等，读者可根据上面示例的代码结构来组织代码。

1.6　Vue.js 3.x 的新变化

Vue.js 3.x并没有延用Vue.js 2.x版本的代码，而是从头重写了整个框架，代码采用TypeScript进行编写，新版本的API全部采用普通函数，在编写代码时可以享受完整的性能推断。

与Vue.js 2.x版本相比，Vue.js 3.x具有以下新变化。

1. 重构响应式系统

Vue.js 2.x利用Object.defineProperty()方法侦查对象的属性变化，该方法有一定的缺点：

（1）性能较差。

（2）在对象上新增的属性是无法被侦测到的。

（3）改变数组的length属性是无法被侦测到的。

Vue.js 3.x重构了响应式系统，使用Proxy替换Object.defineProperty。Proxy被称为代理，它的优势如下：

（1）性能更优异。

（2）可直接监听数组类型的数据变化。

（3）监听的目标为对象本身，不需要像Object.defineProperty一样遍历每个属性，有一定的性能提升。

（4）Proxy可拦截apply、ownKeys、has等13种方法，而Object.defineProperty不行。

2. 更好的性能

Vue.js 3.x重写了虚拟DOM的实现，并优化了编译模板，提升了组件的初始化速度，性能提升了1.3~2倍，服务器端的渲染速度提升了2~3倍。

3. tree-shaking支持

Vue.js 3.x只打包真正需要的模块，删除无用的模块，从而减小了产品发布版本的大小。而在Vue.js 2.x中，很多用不到的模块也会被打包进来。

4. 组合API

Vue.js 3.x引入了基于函数的组合API。在引入新的API之前，Vue.js还有其他替代方案，它们提供了诸如Mixin、HOC（高阶组件）、作用域插槽之类的组件之间的可复用性，但是所有方法都有其自身的缺点，因此它们未被广泛使用。

（1）一旦应用程序包含一定数量的Mixins，就很难维护。开发人员需要访问每个Mixin，以查看数据来自哪个Mixin。

（2）HOC模式不适用于.vue单文件组件，因此在Vue开发人员中不被广泛推荐或   使用。

（3）作用域插槽的内容会被封装到组件中，但是开发人员最终拥有许多不可复用的内容，并在组件模板中放置了越来越多的插槽，导致数据来源不明确。

组合API的优势如下：

（1）由于API是基于函数的，因此可以有效地组织和编写可重用的代码。

（2）将共享逻辑分离为功能来提高代码的可读性。

（3）可以实现代码分离。

（4）在Vue.js应用程序中可以更好地使用TypeScript。

5. Teleport

Teleport（传送）是一种能够将模板移动到DOM中的Vue应用程序之外的其他位置的技术。像modals和toast等元素，如果嵌套在Vue的某个组件内部，那么处理嵌套组件的定位、z-index样式就会变得很困难。很多情况下，需要将它与Vue.js应用的DOM完全剥离，管理起来会容易很多，此时就需要用到Teleport。

6. Fragment（碎片化节点）

在Vue 2.x中，每个组件必须有一个唯一的根节点，所以，写每个组件模板时都要套一个父元素。

在Vue 3.x中，为了更方便地书写组件模板，新增了标签元素<Fragment></Fragment>，从而不再限于模板中的单个根节点，组件可以拥有多个节点。这样做的好处在于，减少了标签层级，减小了内存占用。

7. 更好的TypeScript支持

Vue.js 3.x是用TypeScript编写的库，可以享受自动的类型定义提示。JavaScript和TypeScript中的API相同，从而无须担心兼容性问题。结合使用支持Vue.js 3.x的TypeScript插件，开发更加高效，还可以拥有类型检查、自动补全等功能。

第 2 章

Vue.js模板应用

Vue.js使用了基于HTML的模板语法，允许开发者声明式地将DOM绑定至底层Vue实例的数据。所有Vue.js的模板都是合法的HTML，所以能被遵循规范的浏览器和HTML解析器解析。在底层的实现上，Vue将模板编译成虚拟DOM渲染函数。结合响应系统，Vue能够智能地计算出最少需要重新渲染的组件数量，并把DOM操作次数减到最少。本章将讲解Vue.js语法中数据绑定的语法和指令的使用。

2.1 模板插值

应用程序实例创建完成后，就需要通过插值进行数据绑定。本节介绍插值的3种方式。

2.1.1 文本插值

数据绑定最常见的形式就是使用Mustache语法（双花括号）的文本插值：

```
<span>Message: {{ message}}</span>
```

Mustache标签将会被替代为对应数据对象上message属性的值。无论何时，绑定的数据对象上的message属性发生了改变，插值处的内容都会更新。

【例2.1】 文本插值（源代码\ch02\2.1.html）。

```
<div id="app">
    <!--简单的文本插值-->
    <h2>{{ message }}</h2>
</div>
<!--引入Vue文件-->
<script src="https://unpkg.com/vue@3/dist/vue.global.js"></script>
<script>
    //创建一个应用程序实例
```

```
const vm= Vue.createApp({
    //该函数返回数据对象
    data(){
      return{
            message:'年年岁岁花相似，岁岁年年人不同。'
        }
      }
    //在指定的DOM元素上装载应用程序实例的根组件
  }).mount('#app');
</script>
```

在Chrome浏览器中运行程序2.1.html，按F12键打开控制台并切换到Elements选项卡，可以查看渲染的结果，如图2-1所示。

图 2-1　渲染文本

2.1.2　原始HTML

Mustache语法会将数据解释为普通文本，而非HTML代码。为了输出真正的HTML，需要使用v-html指令。

> 📌注意　不能使用v-html来复合局部模板，因为Vue不是基于字符串的模板引擎。反之，对于用户界面（User Interface，UI），组件更适合作为可重用和可组合的基本单位。

例如，想要输出一个a标签，首先需要在data属性中定义该标签，然后根据需要定义href属性值和标签内容，最后使用v-html绑定到对应的元素上。

【例2.2】　输出真正的HTML（源代码\ch02\2.2.html）。

```
<div id="app">
    <!--简单的文本插值-->
    <h2>{{ website}}</h2>
    <!--输出HTML代码-->
    <h2 v-html="website"></h2>
</div>
<!--引入Vue文件-->
<script src="https://unpkg.com/vue@3/dist/vue.global.js"></script>
```

```
<script>
    const vm= Vue.createApp({
        //该函数返回数据对象
        data(){
          return{
            website:'<a href="https://www.baidu.com">百度</a>'
          }
        }
    //在指定的DOM元素上装载应用程序实例的根组件
    }).mount('#app');
</script>
```

在Chrome浏览器中运行程序，按F12键打开控制台并切换到Elements选项卡，可以发现使用v-html指令的p标签输出了真正的a标签，当单击"百度"后，将跳转到对应的页面，效果如图2-2所示。

图 2-2　输出真正的 HTML

从结果可知，Mustache语法不能作用在HTML特性上，如果需要控制某个元素的属性，则可以使用v-bind指令。

> **注意** 站点上动态渲染任意HTML可能会非常危险，因为它很容易导致XSS攻击。请只对可信内容使用HTML插值，绝不要对用户提供的内容使用插值。

2.1.3　使用JavaScript表达式

在模板中，一直都只绑定简单的属性键值。但实际上，对于所有的数据绑定，Vue.js都提供了完全的JavaScript表达式支持。

```
{{ number + 1 }}
{{ ok ? 'YES' : 'NO' }}
{{ message.split('').reverse().join('')}}
<div v-bind:id="'list-' + id"></div>
```

上面这些表达式会在所属Vue实例的数据作用域下作为JavaScript被解析。限制就是，每个绑定都只能包含单个表达式，所以下面的例子都不会生效。

```
<!-- 这是语句，不是表达式 -->
{{ var a = 1}}
<!-- 流控制也不会生效，请使用三元表达式 -->
{{ if (ok) { return message } }}
```

【例2.3】 使用JavaScript表达式（源代码\ch02\2.3.html）。

```
<div id="app">
    <!--使用JavaScript表达式-->
    <h2>{{ message.toUpperCase()}}</h2>
    <p>水果的总价是：{{price*total}}元</p>
</div>
<!--引入Vue文件-->
<script src="https://unpkg.com/vue@3/dist/vue.global.js"></script>
<script>
    const vm= Vue.createApp({
        //该函数返回数据对象
        data(){
          return{
            message:'fruit',
            price:5,
            total:260
            }
          }
        //在指定的DOM元素上装载应用程序实例的根组件
    }).mount('#app' );
</script>
```

在Chrome浏览器中运行程序，结果如图2-3所示。

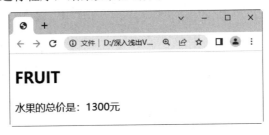

图 2-3 使用 JavaScript 表达式

2.2 常用的内置模板指令

顾名思义，内置指令就是Vue内置的一些指令，它针对一些常用的页面功能提供了以指令来封装的使用形式，以HTML属性的方式使用。例如前面章节讲述的v-bind和v-html指令，本节将继续讲解其他的内置指令。

2.2.1 v-on

v-on指令用于监听DOM事件，当触发时运行一些JavaScript代码。v-on指令的表达式可以是一般的JavaScript代码，也可以是一个方法的名字或者方法调用语句。

在使用v-on指令对事件进行绑定时，需要在v-on指令后面接上事件名称，例如click、mousedown、mouseup等事件。

【例2.4】   v-on指令（源代码\ch02\2.4.html）。

```html
<div id="app">
    <p>
        <!--监听click事件，使用JavaScript语句-->
        <button v-on:click="number-=1">-1</button>
        <span>{{number}}</span>
        <button v-on:click="number+=1">+1</button>
    </p>
    <p>
        <!--监听click事件，绑定方法-->
        <button v-on:click="say()">古诗</button>
    </p>
</div>
<!--引入Vue文件-->
<script src="https://unpkg.com/vue@3/dist/vue.global.js"></script>
<script>
    //创建一个应用程序实例
    const vm= Vue.createApp({
        //该函数返回数据对象
        data(){
            return{
                number:100
            }
        },
        methods:{
            say:function(){
                alert("曲水浪低蕉叶稳，舞雩风软纻罗轻。")
            }
        }
    //在指定的DOM元素上装载应用程序实例的根组件
    }).mount('#app');
</script>
```

在Chrome浏览器中运行程序，单击"+1"按钮或"-1"按钮，即可实现数字的递增和递减；单击"古诗"按钮，触发click事件，调用say()函数，页面效果如图2-4所示。

在Vue应用中许多事件处理逻辑会很复杂，所以直接把JavaScript代码写在v-on指令中是不可行的，此时就可以使用v-on接收一个方法，把复杂的逻辑放到这个方法中。

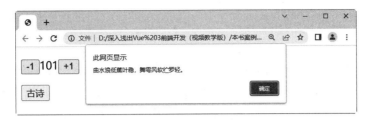

图 2-4　v-on 指令

提示　使用v-on指令接收的方法名称也可以传递参数，只需要在methods中定义方法时说明这个形参，即可在方法中获取。

2.2.2　v-text

v-text指令用来更新元素的文本内容。如果只需要更新部分文本内容，那么可使用插值来完成。

【例2.5】　v-text指令（源代码\ch02\2.5.html）。

```html
<div id="app">
    <!--更新部分内容-->
    <p>古诗欣赏:{{message}}</p>
    <!--更新全部内容-->
    <p v-text="message"></p>
</div>
<!--引入Vue文件-->
<script src="https://unpkg.com/vue@3/dist/vue.global.js"></script>
<script>
    //创建一个应用程序实例
    const vm= Vue.createApp({
        //该函数返回数据对象
        data(){
          return{
            message: '百舌无言桃李尽，柘林深处鹁鸪鸣。'
          }
        }
    //在指定的DOM元素上装载应用程序实例的根组件
    }).mount('#app');
</script>
```

在Chrome浏览器中运行程序，结果如图2-5所示。

图 2-5　v-text 指令

2.2.3　v-once

v-once指令不需要表达式。v-once指令只渲染元素和组件一次，随后的渲染，使用了此指令的元素、组件及其所有的子节点，都会当作静态内容并跳过，这可以用于优化更新性能。

例如，在下面的示例中，当修改input输入框的值时，使用了v-once指令的p元素，不会随之改变，而第二个p元素随着输入框的内容而改变。

【例2.6】　v-once指令（源代码\ch02\2.6.html）。

```
<div id="app">
    <p v-once>不可改变：{{message}}</p>
    <p>可以改变：{{message}}</p>
    <p><input type="text" v-model = "message" name=""></p>
</div>
<!--引入Vue文件-->
<script src="https://unpkg.com/vue@3/dist/vue.global.js"></script>
<script>
    //创建一个应用程序实例
    const vm= Vue.createApp({
        //该函数返回数据对象
        data(){
          return{
            message:"苹果"
            }
        }
    //在指定的DOM元素上装载应用程序实例的根组件
    }).mount('#app');
</script>
```

在Chrome浏览器中运行程序，然后在输入框中输入"香蕉"，可以看到，添加v-once指令的p标签并没有任何变化，效果如图2-6所示。

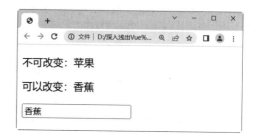

图 2-6　v-once 指令

2.2.4　v-pre

v-pre指令不需要表达式，用于跳过这个元素和它的子元素的编译过程。可以使用v-pre指令来显示原始Mustache标签。

【例2.7】　v-pre指令（源代码\ch02\2.7.html）。

```
<div id="app">
    <div v-pre>{{message}}</div>
</div>
<!--引入Vue文件-->
<script src="https://unpkg.com/vue@3/dist/vue.global.js"></script>
<script>
```

```
        //创建一个应用程序实例
        const vm= Vue.createApp({
            //该函数返回数据对象
            data(){
                return{
                    message:"竹根流水带溪云。醉中浑不记，归路月黄昏。"
                }
            }
        //在指定的DOM元素上装载应用程序实例的根组件
        }).mount('#app');
</script>
```

在Chrome浏览器中运行程序，结果如图2-7所示。

2.2.5 v-cloak

v-cloak指令不需要表达式。这个指令保持在元素上直到关联实例结束编译。与CSS规则（如[v-cloak]{display:none}）一起使用时，这个指令可以隐藏未编译的Mustache标签直到实例准备完毕。

图 2-7 v-pre 指令

【例2.8】 v-cloak指令（源代码\ch02\2.8.html）。

```
<!DOCTYPE html>
<html>
<head>
    <meta charset="UTF-8">
    <title>v-cloak</title>
    <!-- 添加 v-cloak 样式 -->
    <style>
        [v-cloak] {
            display: none;
        }
    </style>
</head>
<body>
<div id="app">
    <p v-cloak>{{message}}</p>
</div>
<!--引入Vue文件-->
<script src="https://unpkg.com/vue@3/dist/vue.global.js"></script>
<script>
    //创建一个应用程序实例
    const vm= Vue.createApp({
        //该函数返回数据对象
        data(){
            return{
                message:"竹根流水带溪云。醉中浑不记，归路月黄昏。"
            }
```

```
    }
    //在指定的DOM元素上装载应用程序实例的根组件
    }).mount('#app');
</script>
</body>
</html>
```

在Chrome浏览器中运行程序，结果如图2-8所示。

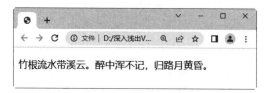

图 2-8　v-cloak 指令

2.3　条件渲染

条件渲染是根据条件的真假来有条件地渲染元素。在Vue.js 3.x中，常见的条件渲染包括使用v-if指令和v-show指令。

2.3.1　v-if/v-else-if/v-else

在Vue中使用v-if、v-else-if和v-else指令实现条件判断。

1. v-if 指令

v-if指令根据表达式的真假来有条件地渲染元素。

【例2.9】　v-if指令（源代码\ch02\2.9.html）。

```
<div id="app">
    <h3 v-if="ok">西红柿</h3>
    <h3 v-if="no">菠菜</h3>
    <h3 v-if="num">=1000">蔬菜的库存很充足！</h3>
</div>
<!--引入Vue文件-->
<script src="https://unpkg.com/vue@3/dist/vue.global.js"></script>
<script>
    //创建一个应用程序实例
    const vm= Vue.createApp({
        //该函数返回数据对象
        data(){
          return{
            ok:true,
            no:false,
            num:1000
```

```
        }
      }
      //在指定的DOM元素上装载应用程序实例的根组件
    }).mount('#app');
</script>
```

在Chrome浏览器中运行程序，按F12键打开控制台并切换到Elements选项卡，结果如图2-9所示。

图 2-9　v-if 指令

在上面的示例中，使用v-if="no"的元素并没有被渲染，使用v-if="ok"的元素正常渲染了。也就是说，当表达式的值为false时，v-if指令不会创建该元素，只有当表达式的值为true时，v-if指令才会真正创建该元素。这与v-show指令不同，v-show指令不管表达式的真假，元素本身都会被创建，显示与否是通过CSS的样式属性display来控制的。

一般来说，v-if有更高的切换开销，而v-show有更高的初始渲染开销。因此，如果需要非常频繁地切换，则使用v-show较好；如果在运行时条件很少改变，则使用v-if指令较好。

2. v-else-if/v-else 指令

v-else-if指令与v-if指令一起使用，用法与JavaScript中的if…else if类似。

下面的示例使用v-else-if指令与v-if指令判断学生成绩对应的等级。

【例2.10】　v-else-if指令与v-if指令（源代码\ch02\2.10.html）。

```
<div id="app">
    <span v-if="score">=90">优秀</span>
    <span v-else-if="score">=80">合格</span>
    <span v-else-if="score">=60">及格</span>
    <span v-else>不及格</span>
</div>
<!--引入Vue文件-->
<script src="https://unpkg.com/vue@3/dist/vue.global.js"></script>
<script>
    //创建一个应用程序实例
    const vm= Vue.createApp({
```

```
    //该函数返回数据对象
    data(){
      return{
        ok:true,
        no:false,
        score:96
      }
    }
    //在指定的DOM元素上装载应用程序实例的根组件
  }).mount('#app');
</script>
```

在Chrome浏览器中运行程序，按F12键打开控制台并切换到Elements选项卡，结果如图2-10所示。

图 2-10   v-else-if 指令与 v-if 指令

在上面的示例中，当满足其中一个条件后，程序就不会再往下执行。使用v-else-if和v-else指令时，它们要紧跟在v-if或者v-else-if指令之后。

2.3.2   使用v-show指令进行条件渲染

v-show指令会根据表达式的真假值切换元素的display CSS属性来显示或者隐藏元素。当条件变化时，该指令会自动触发过渡效果。

【例2.11】   v-show指令（源代码\ch02\2.11.html）。

```
<div id="app">
    <h3 v-show="ok">西瓜</h3>
    <h3 v-show="no">苹果</h3>
    <h3 v-show="num">=1000">库存很充足！</h3>
</div>
<!--引入Vue文件-->
<script src="https://unpkg.com/vue@3/dist/vue.global.js"></script>
<script>
    //创建一个应用程序实例
    const vm= Vue.createApp({
        //该函数返回数据对象
        data(){
            return{
```

```
            ok:true,
            no:false,
            num:1000
        }
    }
//在指定的DOM元素上装载应用程序实例的根组件
}).mount('#app');
</script>
```

在Chrome浏览器中运行程序，按F12键打开控制台并切换到Elements选项卡，展开<div>标签，结果如图2-11所示。

从上面的示例可以发现，"苹果"并没有显示，是因为v-show指令计算no的值为false，所以元素不会显示。

在Chrome浏览器的控制台中可以看到，使用v-show指令，元素本身是被渲染到页面的，只是通过CSS的display属性来控制元素的显示或者隐藏。如果v-show指令计算的结果为false，则设置器样式为"display:none;"。

在浏览器的控制台中双击代码后，修改"苹果"一栏的display为true，可以发现页面中显示了苹果，如图2-12所示。

图 2-11　v-show 指令

图 2-12　修改"苹果"一栏的 display 为 true

2.4　使用 v-for 指令进行循环渲染

使用v-for指令可以对数组、对象进行循环，来获取其中的每一个值。

1. v-for 指令遍历数组

使用v-for指令时，必须使用特定语法alias in expression，其中items是源数据数组，而item则是被迭代的数组元素的别名，具体格式如下：

```
<div v-for="item in items">
    {{item}}
</div>
```

下面看一个示例，使用v-for指令循环渲染一个数组。

【例2.12】 v-for指令遍历数组（源代码\ch02\2.12.html）。

```html
<div id="app">
    <ul>
        <li v-for="item in nameList">
            {{item.name}}--{{item.city}}--{{item.price}}元
        </li>
    </ul>
</div>
<!--引入Vue文件-->
<script src="https://unpkg.com/vue@3/dist/vue.global.js"></script>
<script>
    const vm= Vue.createApp({//创建一个应用程序实例
        data(){//该函数返回数据对象
          return{
                nameList:[
                    {name:'洗衣机',city:'上海',price:'8600'},
                    {name:'冰箱',city:'北京',price:'6800'},
                    {name:'空调',city:'广州',price:'5900'}
                ]
            }
        }
    }).mount('#app'); //在指定的DOM元素上装载应用程序实例的根组件
</script>
```

在Chrome浏览器中运行程序，按F12键打开控制台并切换到Elements选项卡，结果如图2-13所示。

图 2-13　v-for 指令遍历数组

提示　v-for指令的语法结构也可以使用of替代in作为分隔符，例如：

```html
<li v-for="item of nameList">
```

在v-for指令中，可以访问所有父作用域的属性。v-for还支持一个可选的第二个参数，即当前项的索引。例如，修改上面的示例，添加index参数，代码如下：

```
<ul>
    <li v-for="(item,index) in nameList">
        {{index}}---{{item.name}}--{{item.score}}分--{{item.class}}
    </li>
</ul>
```

在Chrome浏览器中运行程序，结果如图2-14所示。

2. v-for 指令遍历对象

遍历对象的语法和遍历数组的语法是一样的：

```
value in object
```

其中object是被迭代的对象，value是被迭代的对象属性的别名。

图 2-14　v-for 指令的第二个参数

【例2.13】　v-for指令遍历对象（源代码\ch02\2.13.html）。

```
<div id="app">
    <ul>
        <li v-for="item in nameObj">
            {{item}}
        </li>
    </ul>
</div>
<!--引入Vue文件-->
<script src="https://unpkg.com/vue@3/dist/vue.global.js"></script>
<script>
    //创建一个应用程序实例
    const vm= Vue.createApp({
        //该函数返回数据对象
        data(){
          return{
            nameObj:{
                name:"洗衣机",
                city:"上海",
                price:"6800元"
             }
          }
        }
    //在指定的DOM元素上装载应用程序实例的根组件
    }).mount('#app');
</script>
```

在Chrome浏览器中运行程序，结果如图2-15所示。

还可以添加第二个参数，用来获取键值；要获取选项的索引，可以添加第三个参数。

【例2.14】   添加第二和第三个参数（源代码\ch02\2.14.html）。

```html
<div id="app">
    <ul>
        <li v-for="(item,key,index) in nameObj">
            {{index}}--{{key}}--{{item}}
        </li>
    </ul>
</div>
<!--引入Vue文件-->
<script src="https://unpkg.com/vue@3/dist/vue.global.js"></script>
<script>
    //创建一个应用程序实例
    const vm= Vue.createApp({
        //该函数返回数据对象
        data(){
            return{
                nameObj:{
                    name:"洗衣机",
                    city:"上海",
                    price:"6800元"
                }
            }
        }
    //在指定的DOM元素上装载应用程序实例的根组件
    }).mount('#app');
</script>
```

在Chrome浏览器中运行程序，结果如图2-16所示。

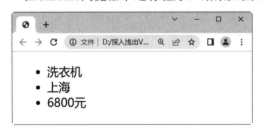

图 2-15   v-for 指令遍历对象

图 2-16   添加第二和第三个参数

3. v-for 指令遍历整数

也可以使用v-for指令遍历整数。

【例2.15】   v-for指令遍历整数（源代码\ch02\2.15.html）。

```html
<div id="app">
    <span v-for="item in 20">
        {{item}}
    </span>
</div>
<!--引入Vue文件-->
```

```
<script src="https://unpkg.com/vue@3/dist/vue.global.js"></script>
<script>
    //创建一个应用程序实例
    const vm= Vue.createApp({
    }).mount('#app');
</script>
```

在Chrome浏览器中运行程序，结果如图2-17所示。

图 2-17　v-for 指令遍历整数

4. 在<template>上使用 v-for

类似于v-if，也可以利用带有v-for的<template>来循环渲染一段包含多个元素的内容。

【例2.16】　在<template>上使用v-for（源代码\ch02\2.16.html）。

```
<div id="app">
    <ul>
        <template  v-for="(item,key,index) in nameObj">
            <li>{{index}}--{{key}}--{{item}}</li>
        </template>
    </ul>
</div>
<!--引入Vue文件-->
<script src="https://unpkg.com/vue@3/dist/vue.global.js"></script>
<script>
    //创建一个应用程序实例
    const vm= Vue.createApp({
        data(){
          return{
            nameObj:{
                name:"洗衣机",
                city:"上海",
                price:"6800元"
            }
          }
        }
    }).mount('#app');
</script>
```

在Chrome浏览器中运行程序，按F12键打开控制台并切换到Elements选项卡，并没有看到<template>元素，结果如图2-18所示。

图 2-18　在<template>上使用 v-for

> 【提示】 template元素一般常和v-for和v-if一起结合使用，这样会使得整个HTML结构没有那么多多余的元素，整个结构会更加清晰。

5. 数组更新检测

Vue将被监听的数组的变异方法进行了包裹，它们也会触发视图更新。被包裹过的方法包括push()、pop()、shift()、unshift()、splice()、sort()和reverse()。

【例2.17】　数组更新检测（源代码\ch02\2.17.html）。

```html
<div id="app">
    <ul>
        <li v-for="(item,index) in nameList">
            {{index}}--{{item}}
        </li>
    </ul>
</div>
<!--引入Vue文件-->
<script src="https://unpkg.com/vue@3/dist/vue.global.js"></script>
<script>
    //创建一个应用程序实例
    const vm= Vue.createApp({
        data(){
          return{
            nameList:["洗衣机","上海","5800元"]
          }
        }
    }).mount('#app');
</script>
```

在Chrome浏览器中运行程序，结果如图2-19所示。按F12键打开控制台并切换到Console选项卡，输入vm.nameList.push("1800台")，按Enter键，数据将添加到nameList数组中，在页面中也显示出添加的内容，如图2-20所示。

图 2-19　初始化效果　　　　　　　　　　图 2-20　修改数据对象中的数组属性

还有一些非变异方法，例如filter()、concat()和slice()。它们不会改变原始数组，而总是返回一个新数组。当使用非变异方法时，可以用新数组替换旧数组。

继续在浏览器控制台输入vm.nameList=vm.nameList.concat(["2600台","畅销版"])，把变更后的数组再赋值给Vue实例的nameList，按Enter键，即可发现页面发生了变化，如图2-21所示。

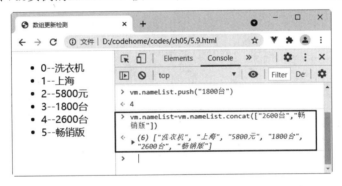

图 2-21　使用新数组替换原始数组

可能会认为，这将导致Vue丢弃现有DOM并重新渲染整个列表，但事实并非如此。Vue为了使得DOM元素得到最大范围的重用而实现了一些智能的启发式方法，所以用一个含有相同元素的数组来替换原来的数组，这是非常高效的操作。

在Vue.js 3.x版本中，可以利用索引直接设置一个数组项，例如修改上面的示例：

```
<script>
    //创建一个应用程序实例
    const vm= Vue.createApp({
        data(){
          return{
            nameList:["洗衣机","上海","5800元"]
          }
        }
    }).mount('#app');
    //通过索引向数组nameList添加 "1800台"
    vm.nameList[3]="1800台";
</script>
```

在Chrome浏览器中运行程序，结果如图2-22所示。

从上面的结果可以发现，要添加的内容已经添加到数组中了。另外，还可以采用以下方法：

```
//使用数组原型的splice()方法
app.nameList.splice(0,0,"畅销版")
```

修改上面的示例：

```
<script>
    //创建一个应用程序实例
    const vm= Vue.createApp({
        data(){
            return{
                nameList:["洗衣机","上海","5800元"]
            }
        }
    }).mount('#app');
//使用数组原型的splice()方法
vm.nameList.splice(0,0,"畅销版");
</script>
```

在Chrome浏览器中运行程序，可发现要添加的内容已经在页面上显示，结果如图2-23所示。

图 2-22　通过索引向数组添加元素

图 2-23　使用数组原型的 splice()方法

6. key 属性

当Vue正在更新使用v-for渲染的元素列表时，它默认使用"就地更新"的策略。如果数据项的顺序被改变，Vue将不会移动DOM元素来匹配数据项的顺序，而是就地更新每个元素，并且确保它们在每个索引位置正确渲染。

为了给Vue一个提示，以便它能跟踪每个节点的身份，从而重用和重新排序现有元素，需要为每项提供一个唯一key属性。

下面我们先来看一个不使用key属性的示例。在例2.18中，定义一个nameList数组对象，使用v-for指令渲染到页面中，同时添加三个输入框和一个"添加"按钮，可以通过按钮向数组对象中添加内容。在示例中定义一个add方法，在方法中在unshift()数组的开头添加元素。

【例2.18】　不使用key属性（源代码\ch02\2.18.html）。

```
<div id="app">
    <div>名称:<input type="text" v-model="names"></div>
```

```
    <div>产地:<input type="text" v-model="citys"></div>
    <div>价格:<input type="text" v-model="prices"><button v-on:click="add()">添加
</button></div>
    <hr>
    <p v-for="item in nameList">
    <input type="checkbox">
    <span>名称:{{item.name}}—产地:{{item.city}}—价格:{{item.price}}</span>
  </p>
</div>
<!--引入Vue文件-->
<script src="https://unpkg.com/vue@3/dist/vue.global.js"></script>
<script>
    //创建一个应用程序实例
    const vm= Vue.createApp({
        data(){
            return{
                names:"",
                citys:"",
                prices:"",
                nameList:[
                    {name:'洗衣机',city:'北京',price:'6800元'},
                    {name:'冰箱',city:'上海',price:'8900元'},
                    {name:'空调',city:'广州',price:'6800元'}
                ]
            }
        },
        methods:{
            add:function(){
                this.nameList.unshift({
                    name:this.names,
                    city:this.citys,
                    price:this.pricees
                })
            }
        }
    }).mount('#app');
</script>
```

在Chrome浏览器中运行程序,选中列表中的第一个选项,如图2-24所示;然后在输入框中输入新的内容,单击"添加"按钮后,向数组开头添加一组新数据,页面中也相应显示,如图2-25所示。

从如图2-25所示的结果可以发现,刚才选择的"洗衣机"变成了新添加的"电视机"。很显然这不是我们想要的结果。产生这种效果的原因就是v-for指令的"就地更新"策略,只记住了数组勾选选项的索引0,当往数组添加内容的时候,虽然数组长度增加了,但是指令只记得刚开始选择的数组下标,于是就选择了新数组中下标为0的选项。

为了给Vue一个提示,以便它能跟踪每个节点的身份,从而重用和重新排序现有元素,需要为每项提供一个唯一key属性。

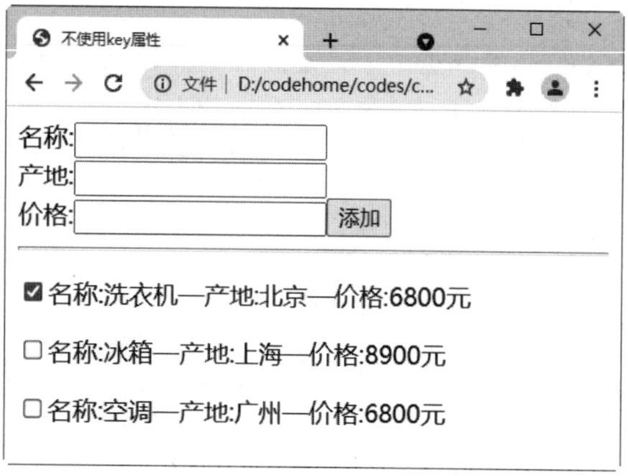

图 2-24　输入内容 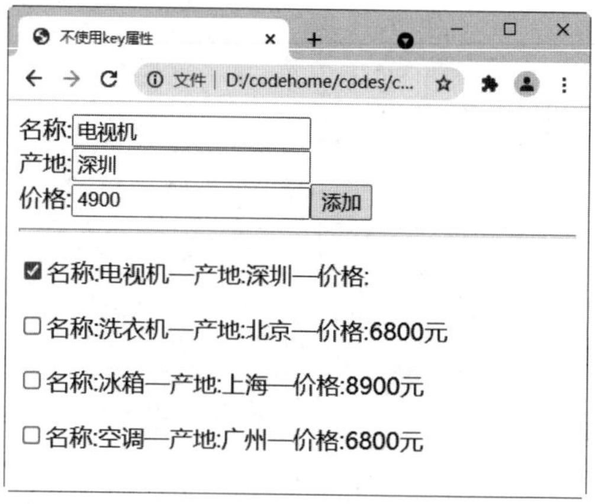　　　　　　　　　　　图 2-25　添加后的效果

修改上面的示例，在v-for指令的后面添加key属性。代码如下：

```
<p v-for="item in nameList" v-bind:key="item.name">
    <input type="checkbox">
    <span>name:{{item.name}},score:{{item.score}},class:{{item.class}}
</span>
    </p>
```

此时再重复上面的操作，可以发现已经实现了想要的结果，如图2-26所示。

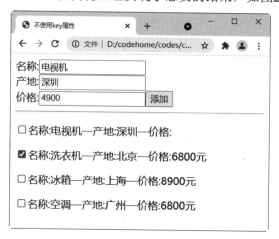

图 2-26　使用 key 属性的结果

7. 过滤与排序

在实际开发中，可能一个数组需要在很多地方使用，有些地方是过滤后的数组，而有些地方是重新排列的数组。这种情况下，可以使用计算属性或者方法来返回过滤或排序后的数组。

【例2.19】　过滤与排序（源代码\ch02\2.19.html）。

```
<div id="app">
    <p>所有库存的商品：</p>
    <ul>
```

```html
            <li v-for="item in nameList">
                {{item}}
            </li>
        </ul>
        <p>产地为上海的商品：</p>
        <ul>
            <li v-for="item in namelists">
                {{item}}
            </li>
        </ul>
        <p>价格大于或等于5000元的商品：</p>
        <ul>
            <li v-for="item in prices()">
                {{item}}
            </li>
        </ul>
    </div>
    <!--引入Vue文件-->
    <script src="https://unpkg.com/vue@3/dist/vue.global.js"></script>
    <script>
        //创建一个应用程序实例
        const vm= Vue.createApp({
            data(){
                return{
                    nameList:[
                        {name:"洗衣机",price:"5000",city:"上海"},
                        {name:"冰箱",price:"6800",city:"北京"},
                        {name:"空调",price:"4600",city:"深圳"},
                        {name:"电视机",price:"4900",city:"上海"}
                    ]
                }
            },
            computed:{    //计算属性
                namelists:function(){
                    return this.nameList.filter(function (nameList) {
                        return nameList.city==="上海";
                    })
                }
            },
            methods:{    //方法
                prices:function(){
                    return this.nameList.filter(function(nameList){
                        return nameList.price>=5000;
                    })
                }
            }
        }).mount('#app');
    </script>
```

在Chrome浏览器中运行程序，结果如图2-27所示。

图 2-27　过滤与排序

8. v-for 与 v-if 一同使用

v-for与v-if一同使用，当它们处于同一节点上时，v-for的优先级比v-if更高，这意味着v-if将分别重复运行于每个v-for循环中。当只想渲染部分列表选项时，可以使用这种组合方式。

【例2.20】　v-for与v-if一同使用（源代码\ch02\2.20.html）。

```
<div id="app">
    <h3>已经出库的商品</h3>
    <ul>
        <template v-for="goods in goodss">
            <li v-if="goods.isOut">
                {{goods.name}}
            </li>
        </template>
    </ul>
    <h3>没有出库的商品</h3>
    <ul>
        <template v-for="goods in goodss">
            <li v-if="!goods.isOut">
                {{goods.name}}
            </li>
        </template>
    </ul>
</div>
<!--引入Vue文件-->
<script src="https://unpkg.com/vue@3/dist/vue.global.js"></script>
<script>
    const vm = Vue.createApp({
        data() {
            return {
                goodss: [
                    {name: '洗衣机', isOut: false},
```

```
                {name: '冰箱', isOut: true},
                {name: '空调', isOut: false},
                {name: '电视机', isOut: true},
                {name: '电脑', isOut: false}
            ]
        }
      }
    }).mount('#app');
</script>
```

在Chrome浏览器中运行程序，结果如图2-28所示。

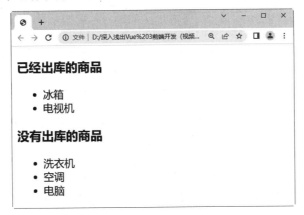

图 2-28　v-for 与 v-if 一同使用

2.5　案例实战 1——通过插值语法实现姓名组合

本案例通过使用插值语法，在输入姓和名后自动组合起来并显示。

【例2.21】　通过插值语法实现姓名组合（源代码\ch02\2.21.html）。

```
<div id="app">
    姓: <input type="text" v-model="firstName"><br /><br />
    名: <input type="text" v-model="lastName"><br /><br />
    姓名: <span>{{firstName}}--{{lastName}}</span>
</div>
<!--引入Vue文件-->
<script src="https://unpkg.com/vue@3/dist/vue.global.js"></script>
<script>
    //创建一个应用程序实例
    const vm= Vue.createApp({
        //该函数返回数据对象
        data(){
          return{
              firstName: '',
              lastName: '',
          }
```

```
      },
      //在指定的DOM元素上装载应用程序实例的根组件
   }).mount('#app');
</script>
```

在Chrome浏览器中运行程序，分别输入姓和名后，结果如图2-29所示。

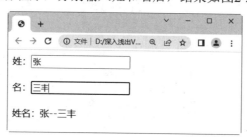

图 2-29　通过插值语法实现姓名组合

2.6　案例实战 2——通过指令实现下拉菜单效果

网站主页中经常需要设计下拉菜单，当鼠标移动到某个菜单上时会弹出下拉子菜单列表，每个子菜单项可以链接到不同的页面，当鼠标离开菜单列表时，子菜单项会被隐藏掉。下面就通过指令来设计这样的下拉菜单效果。

【例2.22】　设计下拉菜单（源代码\ch02\2.22.html）。

```
<!DOCTYPE html>
<html>
<head>
<meta charset="UTF-8">
<title>下拉菜单</title>
<style>
   body {
      width: 600px;
   }
   a {
      text-decoration: none;
      display: block;
      color: #fff;
      width: 120px;
      height: 40px;
      line-height: 40px;
      border: 1px solid #fff;
      border-width: 1px 1px 0 0;
      background: #5D478B;
   }
   li {
      list-style-type: none;
   }
```

```
    #app > li {
        list-style-type: none;
        float: left;
        text-align: center;
        position: relative;
    }
    #app li a:hover {
        color: #fff;
        background: #FF8C69;
    }
    #app li ul {
        position: absolute;
        left: -40px;
        top: 40px;
        margin-top: 1px;
        font-size: 12px;
    }
     [v-cloak] {
        display: none;
     }
</style>
</head>
<body>
    <div id = "app" v-cloak>
        <li v-for="menu in menus" @mouseover="menu.show = !menu.show"
@mouseout="menu.show = !menu.show">
            <a :href="menu.url" >
                {{menu.name}}
            </a>
            <ul v-show="menu.show">
                <li v-for="subMenu in menu.subMenus">
                    <a :href="subMenu.url">{{subMenu.name}}</a>
                </li>
            </ul>
        </li>
    </div>
<script src="https://unpkg.com/vue@3/dist/vue.global.js"></script>
<script>
    const data = {
      menus: [
       {
       name: '在线课程', url: '#', show: false, subMenus: [
            {name: 'Python课程', url: '#'},
            {name: 'Java课程', url: '#'},
            {name: '前端课程', url: '#'}
        ]
        },
        {
        name: '经典图书', url: '#', show: false, subMenus: [
            {name: 'Python图书', url: '#'},
            {name: 'Java图书', url: '#'},
```

```
                {name: '前端图书', url: '#'}
            ]
        },
        {
        name: '技术支持', url: '#', show: false, subMenus: [
            {name: 'Python技术支持', url: '#'},
            {name: 'Java技术支持', url: '#'},
            {name: '前端技术支持', url: '#'}
        ]
        },
        {
         name: '关于我们', url: '#', show: false, subMenus: [
            {name: '团队介绍', url: '#'},
            {name: '联系我们', url: '#'}
        ]
        }
    ]
    };
    const vm = Vue.createApp({
        data() {
            return data;
        }
    }).mount('#app');
</script>
</body>
</html>
```

在Chrome浏览器中运行程序，当鼠标放置在"经典图书"菜单项目时，结果如图2-30所示。

图 2-30　下拉菜单效果

第 **3** 章

组件的方法和计算属性

在Vue.js中，可以很方便地将数据使用插值表达式的方式渲染到页面元素中，但是插值表达式的设计初衷是用于简单运算，不应该对差值做过多的操作。当需要对差值做进一步处理时，可以使用Vue.js中的组件方法和计算属性来完成这一操作。另外，操作元素的class列表和内联样式是数据绑定的一个常见需求。本章将介绍Vue.js组件的方法、计算属性和网页样式的绑定。

3.1 方法选项

在Vue.js 3.x中，组件的方法可以在实例的methods选项中定义。

3.1.1 使用方法

使用方法有两种，一种是使用插值{{}}，另一种是使用事件调用。

1. 使用插值方式

下面通过一个字符串翻转的示例来看一下使用插值的方法。

【例3.1】 使用插值的方法（源代码\ch03\3.1.html）。

在input中通过v-model指令双向绑定message，然后在methods选项中定义reversedMessage方法，让message的内容反转，然后使用插值语法渲染到页面中。

```
<div id="app">
    输入内容: <input type="text" v-model="message"><br/>
    反转内容: {{reversedMessage()}}
</div>
<!--引入Vue文件-->
<script src="https://unpkg.com/vue@3/dist/vue.global.js"></script>
<script>
```

```
    //创建一个应用程序实例
    const vm= Vue.createApp({
        //该函数返回数据对象
        data(){
          return{ message: '' }
        },
         //在选项对象的methods属性中定义方法
        methods: {
           reversedMessage:function () {
              return this.message.split('').reverse().join('')
            }
        }
    //在指定的DOM元素上装载应用程序实例的根组件
    }).mount('#app');
</script>
```

在Chrome浏览器中运行程序，然后在文本框中输入"江碧鸟逾白，山青花欲燃。"，可以看到下面会显示反转后的内容"。燃欲花青山，白逾鸟碧江"，如图3-1所示。

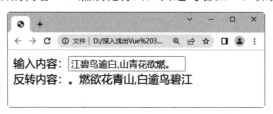

图 3-1　使用插值的方法

2. 使用事件调用

下面通过一个单击页面按钮来增加数值的示例来看一下事件调用。

【例3.2】　事件调用方法（源代码\ch03\3.2.html）。

首先在data()函数中定义num属性，然后在methods中定义add()方法，该方法每次调用num都会自增。在页面中首先使用插值渲染num的值，使用v-on指令绑定click事件，然后在事件中调用add()方法。

```
<div id="app">
    {{num}}
    <p><button v-on:click="add()">增加</button></p>
</div>
<!--引入Vue文件-->
<script src="https://unpkg.com/vue@3/dist/vue.global.js"></script>
<script>
    //创建一个应用程序实例
    const vm= Vue.createApp({
        //该函数返回数据对象
        data(){
          return{
            num:1
```

```
        }
    },
    //在选项对象的methods属性中定义方法
    methods: {
        add:function(){
            this.num+=1
        }
    }
    //在指定的DOM元素上装载应用程序实例的根组件
}).mount('#app');
</script>
```

在Chrome浏览器中运行程序，多次单击"增加"按钮，可以发现每次单击num值自增1，结果如图3-2所示。

图 3-2　事件调用方法

3.1.2　传递参数

Vue.js传递参数分为如下两个步骤。

01 在 methods 方法中进行声明，例如给【例 3.2】中的 add 方法加上一个参数 a，声明格式如下：

```
add:function(a){}
```

02 调用方法时直接传递参数，例如这里传递参数2，在按钮button上直接写：

```
<button v-on:click="add(2)">增加</button>
```

下面修改【例3.2】的代码，每次单击"增加"按钮，让它自增2。

【例3.3】 传递参数（源代码\ch03\3.3.html）。

```
<div id="app">
    {{num}}
    <p><button v-on:click="add(2)">增加</button></p>
</div>
<!--引入Vue文件-->
<script src="https://unpkg.com/vue@3/dist/vue.global.js"></script>
<script>
    //创建一个应用程序实例
    const vm= Vue.createApp({
        //该函数返回数据对象
```

```
        data(){
          return{
              num:1
            }
        },
         //在选项对象的methods属性中定义方法
        methods: {
            add:function(a){
                this.num+=a
             }
        }
     //在指定的DOM元素上装载应用程序实例的根组件
    }).mount('#app');
</script>
```

在Chrome浏览器中运行程序，单击一次"增加"按钮，可以发现num值自增2，结果如图3-3所示。

图 3-3   传递参数

3.1.3   方法之间的调用

在Vue.js中，methods选项中的一个方法可以调用methods中的另一个方法，其语法格式如下：

```
this.$options.methods.+方法名
```

【例3.4】   方法之间的调用（源代码\ch03\3.4.html）。

```
<div id="app">
    {{content}}
    {{way2()}}
</div>
<!--引入Vue文件-->
<script src="https://unpkg.com/vue@3/dist/vue.global.js"></script>
<script>
    //创建一个应用程序实例
    const vm= Vue.createApp({
        //该函数返回数据对象
        data(){
          return{
             content:"古诗"
            }
        },
        //在选项对象的methods属性中定义方法
```

```
        methods: {
            way1:function(){
                alert("芳草碧色，萋萋遍南陌。暖絮乱红，也似知人，春愁无力。");
            },
            way2:function(){
                this.$options.methods.way1();
            }
        }
        //在指定的DOM元素上装载应用程序实例的根组件
    }).mount('#app');
</script>
```

在Chrome浏览器中运行程序，结果如图3-4所示。

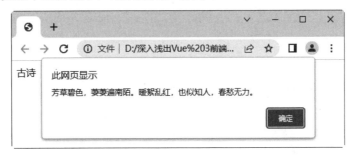

图 3-4　方法之间的调用

3.2　使用计算属性

计算属性在Vue.js的computed选项中定义，它可以在模板上进行双向数据绑定以展示出结果或者进行其他处理。

通常用户会在模板中定义表达式，非常便利，Vue.js的设计初衷也是用于简单运算。但是在模板中放入太多的逻辑，会让模板变得臃肿且难以维护。例如：

```
<div id="app">
    {{message.split('').reverse().join('')}}
</div>
```

上面的插值语法中的表达式调用了3个方法来实现字符串的反转，逻辑过于复杂，如果在模板中还要多次使用此处的表达式，就更加难以维护了，此时应该使用计算属性。

计算属性比较适合对多个变量或者对象进行处理后返回一个结果值，也就是说多个变量中的某一个值发生了变化，则绑定的计算属性也会发生变化。

下面是完整的字符串反转的示例，定义一个reversedMessage计算属性，在input输入框中输入字符串时，绑定的message属性值发生变化，触发reversedMessage计算属性，执行对应的函数，最终使字符串反转。

【例3.5】　使用计算属性（源代码\ch03\3.5.html）。

```
<div id="app">
    原始字符串：<input type="text" v-model="message"><br/>
    反转后的字符串：{{reversedMessage}}
</div>
<!--引入Vue文件-->
<script src="https://unpkg.com/vue@3/dist/vue.global.js"></script>
<script>
    //创建一个应用程序实例
    const vm= Vue.createApp({
        //该函数返回数据对象
        data(){
          return{
            message: '海角逢春，天涯为客。'
          }
        },
        computed: {
            //计算属性的getter
            reversedMessage(){
                return this.message.split('').reverse().join('');
            }
        }
    //在指定的DOM元素上装载应用程序实例的根组件
    }).mount('#app');
</script>
```

在Chrome浏览器中运行程序，输入框下面会显示对象的反转内容，效果如图3-5所示。

在上面的示例中，当message属性的值发生改变时，reversedMessage的值也会自动更新，并且会自动同步更新DOM部分。

在浏览器的控制台中修改message的值，按回车键执行代码，可以发现reversedMessage的值也发生了改变，如图3-6所示。

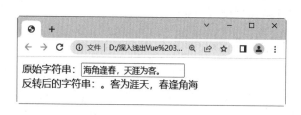

图 3-5　字符串反转效果

图 3-6　修改 message 的值

3.3　计算属性的 get 和 set 方法

计算属性中的每一个属性都对应一个对象，对象中包括get和set方法，分别用来获取计算属性和设置计算属性。默认情况下只有get方法，这种情况下可以简写，例如：

```
computed: {
    fullNname:function(){
    }
}
```

默认情况下是不能直接修改计算属性的，如果需要修改计算属性，这时就需要提供一个set方法。例如：

```
computed:{
    fullNname:{
        //get方法
        get:function(){
        }
        //set方法
        set:function(newValue){
        }
    }
}
```

> **提示**　通常情况下，get()方法需要使用return返回内容。而set()方法不需要，它用来改变计算属性的内容。

【例3.6】　get和set方法（源代码\ch03\3.6.html）。

```html
<div id="app">
    <p>商品名称：{{name}}</p>
    <p>商品价格：{{price}}</p>
    <p>商品名称和价格：{{namePrice}}</p>
</div>
<!--引入Vue文件-->
<script src="https://unpkg.com/vue@3/dist/vue.global.js"></script>
<script>
    //创建一个应用程序实例
    const vm= Vue.createApp({
        //该函数返回数据对象
        data(){
            return{
                name:"洗衣机",
                price:"6800元"
            }
        },
        computed:{
            namePrice:{
                //get方法，显示时调用
                get:function(){
                    //拼接name和price
                    return this.name+ "**"+this.price;
                },
                //set方法，设置namePrice时调用，其中参数用来接收新设置的值
                set:function(newName){
                    var names=newName.split(' ');  //以空格拆分字符串
```

```
                this.name=names[0];
                this.price=names[1];
            }
        }
    }
    //在指定的DOM元素上装载应用程序实例的根组件
}).mount('#app');
</script>
```

在Chrome浏览器中运行程序，效果如图3-7所示。在浏览器的控制台中设置计算属性namePrice的值为"空调 5900元"，按回车键，可以发现计算属性的内容变成了"空调 5900元"，效果如图3-8所示。

图 3-7   运行效果

图 3-8   修改后效果

3.4   计算属性的缓存

计算属性是基于它们的依赖进行缓存的。计算属性只有在它的相关依赖发生改变时，才会重新求值。

计算属性的写法和方法很相似，完全可以在methods中定义一个方法来实现相同的功能。

其实，计算属性的本质就是一个方法，只不过在使用计算属性的时候，把计算属性的名称直接作为属性来使用，并不会把计算属性作为一个方法来调用。

为什么还要使用计算属性而不是定义一个方法呢？计算属性是基于它们的依赖进行缓存的，即只有在相关依赖发生改变时，它们才会重新求值。例如，在例3.1中，只要message没有发生改变，多次访问reversedMessage计算属性，会立即返回之前的计算结果，而不必再次执行函数。

反之，如果使用方法的形式实现，当使用reversedMessage方法时，无论message属性是否发生了改变，方法都会重新执行一次，这无形中增加了系统的开销。

在某些情况下，计算属性和方法可以实现相同的功能，但有一个重要的不同点。在调用methods中的一个方法时，所有方法都会被调用。

例如下面的示例，定义了两个方法：add1和add2，分别打印number+a、number+b，当调用其中的add1时，add2也将被调用。

【例3.7】　方法调用方式（源代码\ch03\3.7.html）。

```html
<div id="app">
    <button v-on:click="a++">a+1</button>
    <button v-on:click="b++">b+1</button>
    <p>number+a={{add1()}}</p>
    <p>number+b={{add2()}}</p>
</div>
<!--引入Vue文件-->
<script src="https://unpkg.com/vue@3/dist/vue.global.js"></script>
<script>
    //创建一个应用程序实例
    const vm= Vue.createApp({
        //该函数返回数据对象
        data(){
          return{
            a:0,
            b:0,
            number:30
          }
        },
        methods: {
            add1:function(){
                console.log("add1");
                return this.a+this.number
            },
            add2:function(){
                console.log("add2")
                return this.b+this.number
            }
        }
    //在指定的DOM元素上装载应用程序实例的根组件
    }).mount('#app');
</script>
```

在Chrome浏览器中运行程序，打开控制台，单击a+1按钮，可以发现控制台调用了add1()和add2()方法，如图3-9所示。

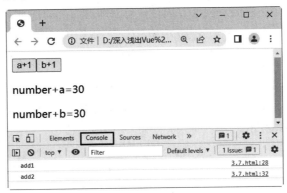

图 3-9　方法的调用效果

使用计算属性则不同，计算属性相当于优化了的方法，使用时只会使用对应的计算属性。例如修改上面的示例，把methods换成computed，并把HTML中调用add1和add2方法的括号去掉。

> **注意** 计算属性的调用不能使用括号，例如add1、add2。而调用方法需要加上括号，例如add1()、add2()。

【例3.8】 计算属性的调用方式（源代码\ch03\3.8.html）。

```html
<div id="app">
    <button v-on:click="a++">a+1</button>
    <button v-on:click="b++">b+1</button>
    <p>number+a={{add1}}</p>
    <p>number+b={{add2}}</p>
</div>
<!--引入Vue文件-->
<script src="https://unpkg.com/vue@3/dist/vue.global.js"></script>
<script>
    //创建一个应用程序实例
    const vm= Vue.createApp({
        //该函数返回数据对象
        data(){
          return{
            a:0,
            b:0,
            number:30
          }
        },
        computed: {
            add1:function(){
                console.log("number+a");
                return this.a+this.number
            },
            add2:function(){
                console.log("number+b")
                return this.b+this.number
            }
        }
    //在指定的DOM元素上装载应用程序实例的根组件
    }).mount('#app');
</script>
```

在Chrome浏览器中运行程序，打开控制台，在页面中单击a+1按钮，可以发现控制台只打印了number+a，如图3-10所示。

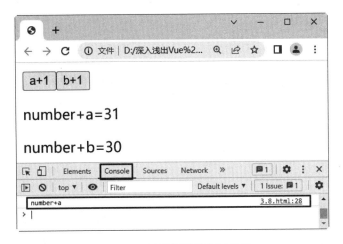

图 3-10　　计算属性的调用效果

计算属性相较于方法更加优化，但并不是什么情况下都可以使用计算属性，在触发事件时还是使用对应的方法。计算属性一般在数据量比较大、比较耗时的情况下使用（例如搜索），只有虚拟DOM与真实DOM不同的情况下才会执行computed。如果你的业务实现不需要有缓存，计算属性可以使用方法来代替。

3.5　使用计算属性代替 v-for 和 v-if

在业务逻辑处理中，一般会使用v-for指令渲染列表的内容，有时也会使用v-if指令的条件判断过滤列表中不满足条件的列表项。实际上，这个功能也可以使用计算属性来完成。

【例3.9】　使用计算属性代替v-for和v-if（源代码\ch03\3.9.html）。

```
<div id="app">
    <h3>已经出库的商品</h3>
    <ul>
        <li v-for="goods in outGoodss">
            {{goods.name}}
        </li>
    </ul>
    <h3>没有出库的商品</h3>
    <ul>
        <li v-for="goods in inGoodss">
        {{goods.name}}
        </li>
    </ul>
</div>
<!--引入Vue文件-->
<script src="https://unpkg.com/vue@3/dist/vue.global.js"></script>
<script>
    //创建一个应用程序实例
    const vm= Vue.createApp({
```

```
            //该函数返回数据对象
       data(){
        return{
          goodss: [
            {name: '洗衣机', isOut: false},
            {name: '冰箱', isOut: true},
            {name: '空调', isOut: false},
            {name: '电视机', isOut: true},
            {name: '电脑', isOut: false}
          ]
        }
       },
       computed:{
         outGoodss(){
             return this.goodss.filter(goods=>goods.isOut);
          },
         inGoodss(){
             return this.goodss.filter(goods=>!goods.isOut);
          }
        }
     //在指定的DOM元素上装载应用程序实例的根组件
     })).mount('#app');
</script>
```

在Chrome浏览器中运行程序，结果如图3-11所示。

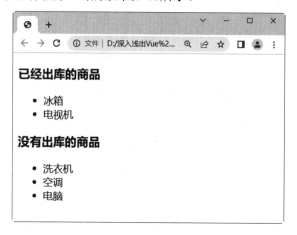

图 3-11　使用计算属性代替 v-for 和 v-if

从上面的示例可以发现，计算属性可以代替v-for和v-if组合的功能。在处理业务时，推荐使用计算属性，这是因为即使v-if指令的使用只渲染了一部分元素，但在每次重新渲染的时候仍然要遍历整个列表，而无论渲染的元素内容是否发生了改变。

采用计算属性过滤后再遍历，可以获得一些好处：过滤后的列表只会在goodss数组发生相关变化时才被重新计算，过滤更高效；使用v-for="goods in outGoodss"之后，在渲染的时候只遍历已出库的商品，渲染更高效。

3.6　绑定 HTML 样式（class）

在Vue.js 3.x中，动态的样式类在v-on:class中定义，静态的类名写在class样式中。

3.6.1　数组语法

Vue中提供了使用数组绑定样式，可以直接在数组中写上样式的类名。

> **提示**　如果不使用单引号包裹类名，其实代表的还是一个变量的名称，会出现错误信息。

【例3.10】　class数组语法（源代码\ch03\3.10.html）。

```
<style>
    .static{
        color: white;
    }
    .class1{
        background: #79FF79;
        font-size: 20px;
        text-align: center;
        line-height: 100px;
    }
    .class2{
        width: 400px;
        height: 100px;
    }
</style>
<div id="app">
    <div class="static" v-bind:class="['class1','class2']">{{date}}</div>
</div>
<!--引入Vue文件-->
<script src="https://unpkg.com/vue@3/dist/vue.global.js"></script>
<script>
    //创建一个应用程序实例
    const vm= Vue.createApp({
        //该函数返回数据对象
        data(){
          return{
            date:"从军玉门道，逐虏金微山。"
          }
        }
    //在指定的DOM元素上装载应用程序实例的根组件
    }).mount('#app');
</script>
```

在Chrome浏览器中运行程序，打开控制台，可以看到渲染的样式，如图3-12所示。

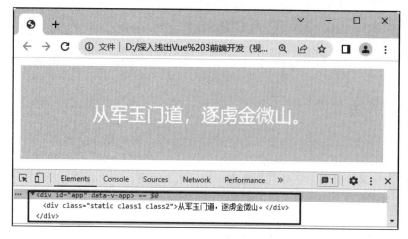

图3-12   数组语法渲染结果

如果想要以变量的方式定义样式，就需要先定义这个变量。示例中的样式与上例样式相同。

```html
<div id="app">
    <div class="static" v-bind:class="[Class1,Class2]">{{date}}</div>
</div>
<script>
    //创建一个应用程序实例
    const vm= Vue.createApp({
        //该函数返回数据对象
        data(){
            return{
              date:'从军玉门道，逐虏金微山。',
              Class1:'class1',
              Class2:'class2'
             }
        }
    //在指定的DOM元素上装载应用程序实例的根组件
    }).mount('#app');
</script>
```

在数组语法中，还可以使用对象语法，根据值的真假来控制样式是否使用。

```html
<div id="app">
    <div class="static" v-bind:class="[{class1:boole}, 'class2']">{{date}}</div>
</div>
<script>
    //创建一个应用程序实例
    const vm= Vue.createApp({
        //该函数返回数据对象
        data(){
            return{
              date:'从军玉门道，逐虏金微山。',
              boole:true
             }
```

```
            }
        //在指定的DOM元素上装载应用程序实例的根组件
        }).mount('#app');
    </script>
```

在Chrome浏览器中运行程序，渲染结果和上面的示例相同（见图3-12）。

3.6.2　对象语法

前面提到过，在数组中可以使用对象的形式来设置样式，在Vue中也可以直接使用对象的形式来设置样式。对象的属性为样式的类名，value则为true或者false，当值为true时显示样式。由于对象的属性可以带引号，也可以不带引号，所以属性就按照自己的习惯写法就可以了。

【例3.11】　Class对象语法（源代码\ch03\3.11.html）。

```
<style>
    .static{
        color: white;
    }
    .class1{
        background: #97CBFF;
        font-size: 20px;
        text-align: center;
        line-height: 100px;
    }
    .class2{
        width: 200px;
        height: 100px;
    }
</style>
<div id="app">
    <div class="static" v-bind:class="{ class1: boole1, 'class2':boole2}">{{date}}
</div>
</div>
<!--引入Vue文件-->
<script src="https://unpkg.com/vue@3/dist/vue.global.js"></script>
<script>
    //创建一个应用程序实例
    const vm= Vue.createApp({
        //该函数返回数据对象
        data(){
          return{
                boole1: true,
                boole2: true,
                date:"红藕香残玉簟秋"
            }
        }
    //在指定的DOM元素上装载应用程序实例的根组件
    }).mount('#app');
</script>
```

在Chrome浏览器中运行程序，打开控制台，可以看到渲染的结果，如图3-13所示。

当class1或class2变化时，class列表将相应地更新。例如，class2的值变更为false，代码如下。

【例3.12】   class2的值变更为false（源代码\ch03\3.12.html）。

```
<script>
    //创建一个应用程序实例
    const vm= Vue.createApp({
        //该函数返回数据对象
        data(){
            return{
                boole1: true,
                boole2: false,
                date:"红藕香残玉簟秋"
            }
        }
    //在指定的DOM元素上装载应用程序实例的根组件
    }).mount('#app');
</script>
```

在Chrome浏览器中运行程序，打开控制台，可以看到渲染的结果，如图3-14所示。

图 3-13　Class 对象语法

图 3-14　渲染结果

当对象中的属性过多时，如果还是全部写到元素上，势必会显得比较烦琐。这时可以在元素上只写对象变量，在Vue.js实例中进行定义。

【例3.13】   在元素上只写对象变量（源代码\ch03\3.13.html）。

```
<style>
    .static{
        color: white;
    }
    .class1{
        background: #5151A2;
        font-size: 20px;
        text-align: center;
```

```
            line-height: 100px;
        }
        .class2{
            width: 300px;
            height: 100px;
        }
</style>
<div id="app">
    <div class="static" v-bind:class="objStyle">{{date}}</div>
</div>
<!--引入Vue文件-->
<script src="https://unpkg.com/vue@3/dist/vue.global.js"></script>
<script>
    //创建一个应用程序实例
    const vm= Vue.createApp({
        //该函数返回数据对象
        data(){
          return{
            date:"竹色溪下绿，荷花镜里香。",
            objStyle:{
                class1: true,
                class2: true
            }
          }
        }
    //在指定的DOM元素上装载应用程序实例的根组件
    }).mount('#app');
</script>
```

在Chrome浏览器中运行程序，渲染的结果如图3-15所示。

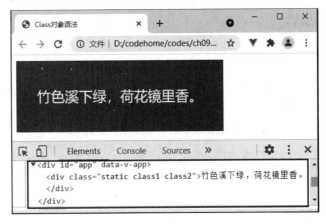

图 3-15   对象语法效果

也可以绑定一个返回对象的计算属性，这是一个常用且强大的模式，示例代码如下：

```
<div id="app">
    <div class="static" v-bind:class="classObject">{{date}}</div>
</div>
```

```
<!--引入Vue文件-->
<script src="https://unpkg.com/vue@3/dist/vue.global.js"></script>
<script>
    //创建一个应用程序实例
    const vm= Vue.createApp({
        //该函数返回数据对象
        data(){
          return{
            date:"竹色溪下绿，荷花镜里香。",
            boole1: true,
            boole2: true
            }
          },
        computed: {
            classObject: function () {
                return {
                    class1:this.boole1,
                    'class2':this.boole2
                }
            }
        }
    //在指定的DOM元素上装载应用程序实例的根组件
    }).mount('#app');
</script>
```

在Chrome浏览器中运行程序，渲染的结果和上面示例相同（见图3-15）。

3.6.3 在组件上使用class属性

当在一个自定义组件上使用class属性时，这些类将被添加到该组件的根元素上，这个元素上已经存在的类不会被覆盖。

例如，声明组件my-component如下：

```
Vue.component('my-component', {
    template: '<p class="class1 class2">Hello</p>'
})
```

然后在使用它的时候添加一些class样式style3和style4：

```
<my-component class=" class3 class4"></my-component>
```

HTML将被渲染为：

```
<p class=" class1 class2 class3 class4">Hello</p>
```

对于带数据绑定的class也同样适用：

```
<my-component v-bind:class="{ class5: isActive }"></my-component>
```

当isActive为Truthy时，HTML将被渲染为：

```
<p class=" class1 class2 class5">Hello</p>
```

提示　在JavaScript中，Truthy（真值）指的是在布尔值上下文中转换后的值为真的值。所有值都是真值，除非它们被定义为falsy（即除false、0、""、null、undefined和NaN外）。

3.7　绑定内联样式（style）

内联样式是将CSS样式编写到元素的style属性中。

3.7.1　对象语法

与使用属性为元素设置class样式相同，在Vue中也可以使用对象的方式为元素设置style样式。

v-bind:style的对象语法十分直观——看着非常像CSS，但其实是一个JavaScript对象。CSS属性名可以用驼峰式（camelCase）或短横线分隔（kebab-case，记得用引号包裹起来）来命名。

【例3.14】　style对象语法（源代码\ch03\3.14.html）。

```html
<div id="app">
    <div v-bind:style="{color:'blue',fontSize:'30',border:'1px solid red'}">辞君向天姥，拂石卧秋霜。</div>
</div>
<!--引入Vue文件-->
<script src="https://unpkg.com/vue@3/dist/vue.global.js"></script>
<script>
    //创建一个应用程序实例
    const vm= Vue.createApp({ }).mount('#app');
</script>
```

在Chrome浏览器中运行程序，打开控制台，渲染结果如图3-16所示。

图 3-16　style 对象语法

也可以在Vue实例对象中定义属性，用来代替样式属性，例如下面的示例代码：

```html
<div id="app">
```

```html
    <div v-bind:style="{color:styleColor,fontSize:fontSize+'px',
border:styleBorder}">style对象语法</div>
    </div>
    <!--引入Vue文件-->
    <script src="https://unpkg.com/vue@3/dist/vue.global.js"></script>
    <script>
        //创建一个应用程序实例
        const vm= Vue.createApp({
            //该函数返回数据对象
            data(){
              return{
                styleColor: 'blue',
                fontSize: 30,
                styleBorder: '1px solid red'
                }
            }
        //在指定的DOM元素上装载应用程序实例的根组件
        }).mount('#app');
    </script>
```

在浏览器中的运行效果和上例相同（见图3-16）。

同样地，可以直接绑定一个样式对象变量，这样的代码看起来也会更加简洁美观。

```html
    <div id="app">
        <div v-bind:style="styleObject">style对象语法</div>
    </div>
    <!--引入Vue文件-->
    <script src="https://unpkg.com/vue@3/dist/vue.global.js"></script>
    <script>
        //创建一个应用程序实例
        const vm= Vue.createApp({
            //该函数返回数据对象
            data(){
              return{
                styleObject: {
                    color: 'blue',
                    fontSize: '30px',
                    border: '1px solid red'
                }
              }
            }
        //在指定的DOM元素上装载应用程序实例的根组件
        }).mount('#app');
    </script>
```

在浏览器中运行，打开控制台，渲染结果和上面的示例相同（见图3-16）。

同样地，对象语法常常结合返回对象的计算属性使用。

```html
    <div id="app">
        <div v-bind:style="styleObject">夜月一帘幽梦，春风十里柔情。</div>
    </div>
    <!--引入Vue文件-->
```

```
<script src="https://unpkg.com/vue@3/dist/vue.global.js"></script>
<script>
    //创建一个应用程序实例
    const vm= Vue.createApp({
        //计算属性
        computed:{
            styleObject:function(){
                return {
                    color: 'blue',
                    fontSize: '30px'
                }
            }
        }
        //在指定的DOM元素上装载应用程序实例的根组件
    }).mount('#app');
</script>
```

在Chrome浏览器中运行程序，渲染的结果如图3-17所示。

图 3-17　style 对象语法

3.7.2　数组语法

v-bind:style的数组语法可以将多个样式对象应用到同一个元素上，样式对象可以是data中定义的样式对象和计算属性中return的对象。示例代码如例3.15所示。

【例3.15】　style数组语法（源代码\ch03\3.15.html）。

```
<div id="app">
    <div v-bind:style="[styleObject1,styleObject2]"> 片片飞花弄晚，蒙蒙残雨笼晴。
</div>
    </div>
    <!--引入Vue文件-->
    <script src="https://unpkg.com/vue@3/dist/vue.global.js"></script>
    <script>
        //创建一个应用程序实例
        const vm= Vue.createApp({
            //该函数返回数据对象
            data(){
                return{
                    styleObject1: {
                        color: 'red',
                        fontSize: '40px'
```

```
                }
            }
        },
        //计算属性
        computed:{
            styleObject2:function(){
                return {
                    border: '1px solid blue',
                    padding: '30px',
                    textAlign:'center'
                }
            }
        }
    //在指定的DOM元素上装载应用程序实例的根组件
    }).mount('#app');
</script>
```

在Chrome浏览器中运行程序，打开控制台，渲染结果如图3-18所示。

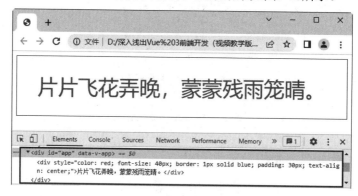

图 3-18　style 数组语法

提示　当v-bind:style使用需要添加浏览器引擎前缀的CSS属性时，比如transform，Vue.js会自动侦测并添加相应的前缀。

3.8　案例实战 1——设计隔行变色的商品表

该案例主要是设计隔行变色的商品表，针对奇偶行应用不同的样式，然后通过v-for指令循环输出表格中的商品数据。案例代码如例3.16所示。

【例3.16】　style数组语法（源代码\ch03\3.16.html）。

```
<!DOCTYPE html>
<html>
<head>
<meta charset="UTF-8">
<title>隔行变色的商品表</title>
<style>
```

```
body {
    width: 600px;
}
table {
    border: 2px solid black;
}
table {
    width: 100%;
}
th {
    height: 50px;
}
th, td {
    border-bottom: 1px solid black;
    text-align: center;
}
 [v-cloak] {
    display: none;
}
.even {
    background-color: #7AFEC6;
}
</style>
</head>
<body>
    <div id = "app" v-cloak>
      <table>
        <tr>
            <th>编号</th>
            <th>名称</th>
            <th>库存</th>
            <th>价格</th>
            <th>产地</th>
        </tr>
        <tr v-for="(goods, index) in goodss"
        :key="goods.id" :class="{even : (index+1) % 2 === 0}">
           <td>{{ goods.id }}</td>
           <td>{{ goods.title }}</td>
           <td>{{ goods.num }}</td>
           <td>{{ goods.price }}</td>
           <td>{{ goods.city }}</td>
        </tr>
</table>
</div>
<script src="https://unpkg.com/vue@3/dist/vue.global.js"></script>
<script>
    const vm = Vue.createApp({
        data() {
        return {
            goodss: [{
                id: 1,
```

```
                          title: '洗衣机',
                          num: '2800台',
                          price: 188,
                          city: '北京'
                        },
                        {
                          id: 2,
                          title: '电视机',
                          num: '2600台',
                          price: 188,
                          city: '广州'
                        },
                        {
                          id: 3,
                          title: '冰箱',
                          num: '5400台',
                          price: 188,
                          city: '上海'
                        },
                        {
                          id: 4,
                          title: '空调',
                          num: '1800台',
                          price: 188,
                          city: '北京'
                        }
                      ]
                    }
                },
                methods: {
                  deleteItem(index){
                    this.goodss.splice(index, 1);
                  }
                }
            }).mount('#app');
    </script>
    </body>
    </html>
```

在Chrome浏览器中运行程序，效果如图3-19所示。

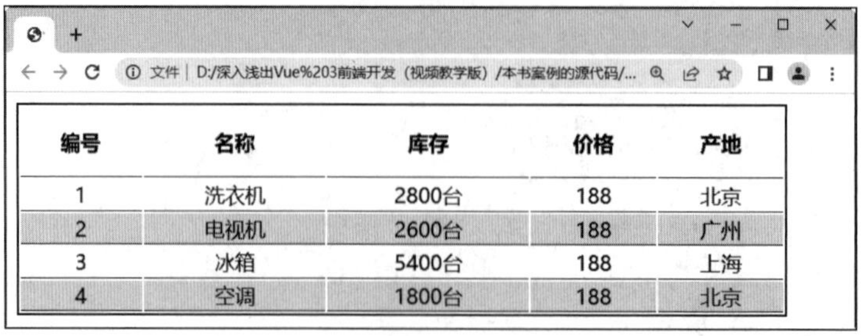

图3-19   隔行变色的商品表

3.9 案例实战 2——使用计算属性设计购物车效果

商城网站中经常需要设计购物车效果。购物车页面中会显示商品名称、商品单价、商品数量、单项商品的合计价格，最后会有一个购物车中所有商品的总价。

【例3.17】 使用计算属性设计购物车效果（源代码\ch03\3.17.html）。

```html
<div id="app">
    <div>
        <div>
            <h3 align="center">商品购物车</h3>
        </div>
        <div>
            <div>
                <label>
                    <input type="checkbox" v-model="checkAll">
                    全选
                </label>
                <label>
                    <input type="checkbox" v-model="checkNo">
                    反选
                </label>
            </div>
            <ul>
                <li v-for="(item,index) in list" :key="item.id">
                    <div>
                        <label>
                            <input type="checkbox" v-model="item.checked">
                            {{item.name}}
                        </label>
                        ¥{{item.price}}
                            
                        <button type="button"  @click="item.nums>1?
item.nums-=1:1">-</button>
                        数量: {{item.nums}}
                        <button type="button"  @click="item.nums+=1">+ </button>
                             
                        小计: {{item.nums*item.price}}
                    </div>
                </li>
            </ul>
            <p align="right">总价: {{sumPrice}}     
    <button type="button"  @click="save" >提交订单</button></p>
        </div>
    </div>
</div>
<!--引入Vue文件-->
<script src="https://unpkg.com/vue@3/dist/vue.global.js"></script>
<script>
    //创建一个应用程序实例
```

```
const vm= Vue.createApp({
  //该函数返回数据对象
  data(){
    return{
      list: [{
              id: 1,
              name: '洗衣机',
              checked: true,
              price: 6800,
              nums: 1,
            },
            {
              id: 2,
              name: '电视机',
              checked: true,
              price: 4900,
              nums: 1,
            },
            {
              id: 3,
              name: '饮水机',
              checked: true,
              price: 1000,
              nums: 3,
            },
          ],
      }
    },
  computed: {
          //全选
          checkAll: {
          // 设置值，当单击"全选"按钮的时候触发
          set(v) {
              this.list.forEach(item => {
                  item.checked = v
              });
          },
          // 取值，当列表中的选择改变之后触发
          get() {
              return this.list.length === this.list.filter(item =>
item.checked == true).length;
              },
          },
          //反选
          checkNo: {
              set() {
                  this.list.forEach(item => {
                      item.checked = !item.checked;
                  });
              },
              get() {
                  // return this.list.length === this.list.filter(item =>
item.checked == true).length;
```

```
                },
            },
            // 总价计算
            sumPrice() {
                return this.list
                    .filter(item => item.checked)
                    /* reduce*****************************
                    arr.reduce(function (prev, cur, index, arr) {
                        ...
                    }, init);
                    arr 表示原数组；
                    prev 表示上一次调用回调时的返回值，或者初始值init；
                    cur 表示当前正在处理的数组元素；
                    index 表示当前正在处理的数组元素的索引，若提供init值，则索引为0，否则
索引为1；

                    init表示初始值。
                    常用的参数只有两个：prev和cur，求数组项之和
                    var sum = arr.reduce(function (prev, cur) {
                        return prev + cur;
                    }, 0); */
                    .reduce((pre, cur) => {
                        return pre + cur.nums * cur.price;
                    }, 0);
            },
        },
        methods: {
            save() {
                console.log(this.list.filter(item =>
                    item.checked
                ));
            }
        },
        //在指定的DOM元素上装载应用程序实例的根组件
    }).mount('#app');
</script>
```

在Chrome浏览器中运行程序，选择不同的商品，并设置商品的数量后，结果如图3-20所示。

图3-20　设计购物车效果

第 **4** 章

表单的双向绑定

对于Vue.js来说，使用v-bind并不能解决表单域对象双向绑定的需求。所谓双向绑定，就是无论是通过input还是通过Vue对象，都能修改绑定的数据对象的值。Vue.js提供了v-model进行双向绑定。本章将重点讲解表单域对象的双向绑定方法和技巧。

4.1　实现双向数据绑定

对于数据的绑定，无论是使用插值表达式（{{}}）还是v-text指令，对于数据间的交互都是单向的，只能将Vue实例中的值传递给页面，页面对数据值的任何操作都无法传递给model。

MVVM模式最重要的一个特性，可以说是数据的双向绑定，而Vue作为一个MVVM框架，肯定也实现了数据的双向绑定。在Vue中使用内置的v-model指令完成数据在View与Model间的双向绑定。

可以用v-model指令在表单\<input\>、\<textarea\>及\<select\>元素上创建双向数据绑定。它会根据控件类型自动选取正确的方法来更新元素。尽管有些神奇，但v-model本质上不过是语法糖。它负责监听用户的输入事件以更新数据，并对一些极端场景进行一些特殊处理。

v-model会忽略所有表单元素的value、checked、selected特性的初始值，而总是将Vue实例的数据作为数据来源。这里应该通过JavaScript在组件的data选项中声明初始值。

4.2　单行文本输入框

下面讲解常见的单行文本输入框的数据双向绑定。

【例4.1】　绑定单行文本输入框（源代码\ch4\4.1.html）。

```
<div id="app">
    <input type="text" v-model="message" value="hello world">
```

```
    <p>{{message}}</p>
</div>
<!--引入Vue文件-->
<script src="https://unpkg.com/vue@3/dist/vue.global.js"></script>
<script>
    //创建一个应用程序实例
    const vm= Vue.createApp({
        //该函数返回数据对象
        data(){
          return{
            message:"红罗袖里分明见"
          }
        }
        //在指定的DOM元素上装载应用程序实例的根组件
    }).mount('#app');
</script>
```

在Chrome浏览器中运行程序，效果如图4-1所示；在输入框中输入"白玉盘中看却无"，可以看到显示的内容也发生了变化，如图4-2所示。

图 4-1　页面初始化效果　　　　　　　　图 4-2　变更后效果

4.3　多行文本输入框

本节演示在多行文本输入框textarea标签中绑定message属性。

【例4.2】　绑定多行文本输入框（源代码\ch4\4.2.html）。

```
<div id="app">
    <p>{{message}}</p>
    <textarea v-model="message"></textarea>
</div>
<!--引入Vue文件-->
<script src="https://unpkg.com/vue@3/dist/vue.global.js"></script>
<script>
    //创建一个应用程序实例
    const vm= Vue.createApp({
        //该函数返回数据对象
        data(){
          return{
            message:"轻衣软履步江沙"
```

```
        }
      }
    //在指定的DOM元素上装载应用程序实例的根组件
    }).mount('#app');
</script>
```

在Chrome浏览器中运行程序，效果如图4-3所示；在textarea标签中输入多行文本，效果如图4-4所示。

图4-3　页面初始化效果

图4-4　绑定多行文本输入框

4.4　复选框

单独使用复选框时，绑定的是布尔值，选中则值为true，未选中则值为false。示例代码如下。

【例4.3】　绑定单个复选框（源代码\ch4\4.3.html）。

```
<div id="app">
    <input type="checkbox" id="checkbox" v-model="checked">
    <label for="checkbox">{{ checked }}</label>
</div>
<!--引入Vue文件-->
<script src="https://unpkg.com/vue@3/dist/vue.global.js"></script>
<script>
    //创建一个应用程序实例
    const vm= Vue.createApp({
        //该函数返回数据对象
        data(){
          return{
            //默认值为false
            checked:false
          }
        }
    //在指定的DOM元素上装载应用程序实例的根组件
    }).mount('#app');
</script>
```

在Chrome浏览器中运行程序，效果如图4-5所示；当选中复选框后，checked的值变为true，效果如图4-6所示。

图 4-5 页面初始化效果 · 图 4-6 选中效果

多个复选框绑定到同一个数组，被选中的内容将添加到数组中。示例代码如下。

【例4.4】 绑定多个复选框（源代码\ch4\4.4.html）。

```html
<div id="app">
    <p>选择需要采购的商品：</p>
    <input type="checkbox" id="name1" value="洗衣机" v-model="checkedNames">
    <label for="name1">洗衣机</label>
    <input type="checkbox" id="name2" value="冰箱" v-model="checkedNames">
    <label for="name2">冰箱</label>
    <input type="checkbox" id="name3" value="电视机" v-model="checkedNames">
    <label for="name3">电视机</label>
    <input type="checkbox" id="name4" value="空调" v-model="checkedNames">
    <label for="name4">空调</label>
    <p><span>选中的商品:{{ checkedNames }}</span></p>
</div>
<!--引入Vue文件-->
<script src="https://unpkg.com/vue@3/dist/vue.global.js"></script>
<script>
    //创建一个应用程序实例
    const vm= Vue.createApp({
        //该函数返回数据对象
        data(){
          return{
            checkedNames: []    //定义空数组
          }
        }
    //在指定的DOM元素上装载应用程序实例的根组件
    }).mount('#app');
</script>
```

在Chrome浏览器中运行程序，选择多个复选框，选择的内容将显示在数组中，如图4-7所示。

图 4-7 绑定多个复选框

4.5　单选按钮

单选按钮一般都有多个条件可供选择，既然是单选按钮，自然希望实现互斥效果，这个效果可以使用v-model指令配合单选框的value来实现。

在例4.5中，多个单选框绑定到同一个数组，被选中的内容将添加到数组中。

【例4.5】　绑定单选按钮（源代码\ch4\4.5.html）。

```
<div id="app">
    <h3>请选择本次采购的商品（单选题）</h3>
    <input type="radio" id="one" value="A" v-model="picked">
    <label for="one">A.洗衣机</label><br/>
    <input type="radio" id="two" value="B" v-model="picked">
    <label for="two">B.冰箱</label><br/>
    <input type="radio" id="three" value="C" v-model="picked">
    <label for="three">C.空调</label><br/>
    <input type="radio" id="four" value="D" v-model="picked">
    <label for="four">D. 电视机</label>
    <p><span>选择: {{ picked }}</span></p>
</div>
<!--引入Vue文件-->
<script src="https://unpkg.com/vue@3/dist/vue.global.js"></script>
<script>
    //创建一个应用程序实例
    const vm= Vue.createApp({
        //该函数返回数据对象
        data(){
          return{
           picked: ''
           }
        }
    //在指定的DOM元素上装载应用程序实例的根组件
    }).mount('#app');
</script>
```

在Chrome浏览器中运行程序，选中D单选按钮，效果如图4-8所示。

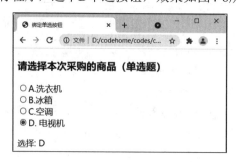

图4-8　绑定单选按钮

4.6　选择框

本节将详细讲述如何绑定单选框、多选框和用v-for渲染的动态选项。

1. 单选框

不需要为<select>标签添加任何属性，即可实现单选。示例如下。

【例4.6】　绑定单选框（源代码\ch4\4.6.html）。

```html
<div id="app">
    <h3>选择喜欢的课程</h3>
    <select v-model="selected">
        <option disabled value="">选择喜欢的课程</option>
        <option>Python开发班</option>
        <option>Java开发班</option>
        <option>前端开发班</option>
    </select>
    <span>选择的课程: {{ selected }}</span>
</div>
<!--引入Vue文件-->
<script src="https://unpkg.com/vue@3/dist/vue.global.js"></script>
<script>
    //创建一个应用程序实例
    const vm= Vue.createApp({
        //该函数返回数据对象
        data(){
          return{
           selected: ' '
           }
        }
    //在指定的DOM元素上装载应用程序实例的根组件
    }).mount('#app');
</script>
```

在Chrome浏览器中运行程序，在下拉选项中选择"Java开发班"，选择结果中也变成了"Java开发班"，效果如图4-9所示。

图 4-9　绑定单选框

> 【提示】 如果v-model表达式的初始值未能匹配任何选项，<select>元素将被渲染为"未选中"状态。

2. 多选框（绑定到一个数组）

为<select>标签添加multiple属性，即可实现多选。示例如例4.7所示。

【例4.7】 绑定多选框（源代码\ch4\4.7.html）。

```html
<div id="app">
    <h3>请选择您喜欢的课程</h3>
    <select v-model="selected" multiple style="height: 100px">
        <option disabled value="">可以选择的课程如下</option>
        <option>Java开发班</option>
        <option>Python开发班</option>
        <option>前端开发班</option>
        <option>PHP开发班</option>
    </select><br/>
    <span>选择的课程: {{ selected }}</span>
</div>
<!--引入Vue文件-->
<script src="https://unpkg.com/vue@3/dist/vue.global.js"></script>
<script>
    //创建一个应用程序实例
    const vm= Vue.createApp({
        //该函数返回数据对象
        data(){
          return{
           selected: []
           }
          }
        //在指定的DOM元素上装载应用程序实例的根组件
    }).mount('#app');
</script>
```

在Chrome浏览器中运行程序，按住Ctrl键可以选择多个选项，效果如图4-10所示。

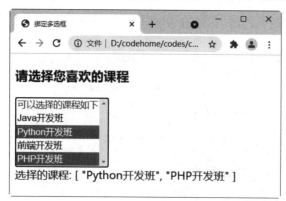

图4-10   绑定多选框

3. 用 v-for 渲染的动态选项

在实际应用场景中，<select>标签中的<option>一般是通过v-for指令动态输出的，其中每一项的value或text都可以使用v-bind动态输出。

【例4.8】　用v-for渲染的动态选项（源代码\ch4\4.8.html）。

```html
<div id="app">
    <h3>请选择您喜欢的课程</h3>
    <select v-model="selected">
        <option v-for="option in options" v-bind:value="option.value">
{{option.text}}</option>
    </select>
    <span>选择的课程: {{ selected }}</span>
</div>
<!--引入Vue文件-->
<script src="https://unpkg.com/vue@3/dist/vue.global.js"></script>
<script>
    //创建一个应用程序实例
    const vm = Vue.createApp({
        //该函数返回数据对象
        data(){
         return{
          selected: [],
           options:[
               { text: '课程1', value: 'Java开发班' },
               { text: '课程2', value: 'Python开发班' },
               { text: '课程3', value: '前端开发班' }
           ]
          }
         }
    }).mount('#app');
</script>
```

在Chrome浏览器中运行程序，然后在选择框中选择"课程2"，将会显示它对应的value值，效果如图4-11所示。

图 4-11　v-for 渲染的动态选项

4.7　值绑定

对于单选按钮、复选框及选择框的选项，v-model绑定的值通常是静态字符串（对于复选框也可以是布尔值）。但是，有时可能想把值绑定到Vue实例的一个动态属性上，这种情况可以用v-bind实现，并且这个属性的值可以不是字符串。

4.7.1　复选框

在下面的示例中，true-value和false-value特性并不会影响输入控件的value特性，因为浏览器在提交表单时并不会包含未被选中的复选框。如果要确保表单中这两个值中的一个能够被提交，比如yes或no，请换用单选按钮。

【例4.9】　动态绑定复选框（源代码\ch4\4.9.html）。

```html
<div id="app">
    <input type="checkbox" v-model="toggle" true-value="yes" false-value="no">
    <span>{{toggle}}</span>
</div>
<!--引入Vue文件-->
<script src="https://unpkg.com/vue@3/dist/vue.global.js"></script>
<script>
    //创建一个应用程序实例
    const vm = Vue.createApp({
        //该函数返回数据对象
        data(){
          return{
            toggle:'false'
          }
        }
    }).mount('#app');
</script>
```

在Chrome浏览器中运行程序，默认状态效果如图4-12所示；选择复选框的状态效果如图4-13所示。

图4-12　选中效果

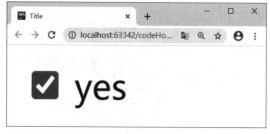

图4-13　选择复选框的状态

4.7.2 单选框

首先为单选按钮绑定一个属性date，定义属性值为"洗衣机"；然后使用v-model指令为单选按钮绑定pick属性，当选中单选按钮后，pick的值等于a的属性值。

【例4.10】 动态绑定单选框的值（源代码\ch4\4.10.html）。

```html
<div id="app">
    <input type="radio"  v-model="pick" v-bind:value="date">
    <span>{{ pick}}</span>
</div>
<!--引入Vue文件-->
<script src="https://unpkg.com/vue@3/dist/vue.global.js"></script>
<script>
    //创建一个应用程序实例
    const vm = Vue.createApp({
        //该函数返回数据对象
        data(){
          return{
            date:'洗衣机 ',
            pick:'未选择'
          }
        }
    }).mount('#app');
</script>
```

在Chrome浏览器中运行程序，如图4-14所示；选中"洗衣机"单选按钮，将显示其value值，效果如图4-15所示。

图 4-14 单选框未选中效果   图 4-15 单选框选中效果

4.7.3 选择框的选项

在下面的示例中，定义4个option选项，并使用v-bind进行绑定。

【例4.11】 动态绑定选择框的选项（源代码\ch4\4.11.html）。

```html
<div id="app">
    <select v-model="selected" multiple>
        <option v-bind:value="{ number: 100 }">A</option>
        <option v-bind:value="{ number: 200 }">B</option>
        <option v-bind:value="{ number: 300  }">C</option>
```

```
            <option v-bind:value="{ number: 400 }">D</option>
        </select>
        <p><span>{{ selected }}</span></p>
    </div>
    <!--引入Vue文件-->
    <script src="https://unpkg.com/vue@3/dist/vue.global.js"></script>
    <script>
        //创建一个应用程序实例
        const vm = Vue.createApp({
            //该函数返回数据对象
            data(){
              return{
                selected:[]
              }
            }
        }).mount('#app');
    </script>
```

在Chrome浏览器中运行程序，选中C和D选项，在p标签中将显示相应的number值，如图4-16所示。

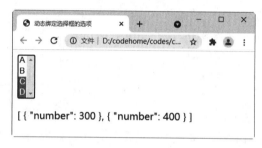

图 4-16　动态绑定选择框的选项

4.8　修饰符

对于v-model指令，还有3个常用的修饰符：lazy、number和trim，下面分别进行介绍。

4.8.1　lazy

在输入框中，v-model默认是同步数据，使用lazy会转变为在change事件中同步，也就是在失去焦点，或者按回车键时才更新。示例代码如例4.12所示。

【例4.12】　lazy修饰符（源代码\ch4\4.12.html）。

```
<div id="app">
    <input v-model.lazy="message">
    <p>{{ message }}</p>
</div>
<!--引入Vue文件-->
<script src="https://unpkg.com/vue@3/dist/vue.global.js"></script>
```

```
<script>
    //创建一个应用程序实例
    const vm= Vue.createApp({
        //该函数返回数据对象
        data(){
          return{
            message:'',
            }
          }
        //在指定的DOM元素上装载应用程序实例的根组件
    }).mount('#app');
</script>
```

在Chrome浏览器中运行程序，输入"回看天际下中流"，如图4-17所示；失去焦点或者按回车键后同步数据，结果如图4-18所示。

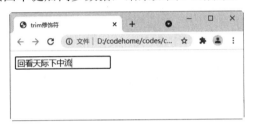

图 4-17　输入数据

图 4-18　失去焦点后同步数据

4.8.2　number

number修饰符可以将输入的值转换为Number类型，否则虽然输入的是数字，但它的类型其实是String。number修饰符在数字输入框中比较有用。

如果想自动将用户的输入值转为数值类型，可以给v-model添加number修饰符。

这通常很有用，因为即使在type="number"时，HTML输入元素的值也总会返回字符串。如果这个值无法被parseFloat()解析，则会返回原始的值。示例代码如例4.13所示。

【例4.13】　number修饰符（源代码\ch4\4.13.html）。

```
<div id="app">
        <p>.number修饰符</p>
        <input type="number" v-model.number="val">
        <p>数据类型是: {{ typeof(val) }}</p>
</div>
<!--引入Vue文件-->
<script src="https://unpkg.com/vue@3/dist/vue.global.js"></script>
<script>
    //创建一个应用程序实例
    const vm= Vue.createApp({
        //该函数返回数据对象
        data(){
          return{
```

```
            val:''
          }
        }
    //在指定的DOM元素上装载应用程序实例的根组件
    }).mount('#app');
</script>
```

在Chrome浏览器中运行程序，输入1679，由于使用了number修饰符，因此显示的数据类型为number类型，如图4-19所示。

图 4-19　number 修饰符

4.8.3　trim

如果要自动过滤用户输入的首尾空格，可以给v-model添加trim修饰符。示例代码如例4.14所示。

【例4.14】　trim修饰符（源代码\ch4\4.14.html）。

```
<div id="app">
    <p>.trim修饰符</p>
    <input type="text" v-model.trim="val">
    <p>val的长度是: {{ val.length }}</p>
</div>
<!--引入Vue文件-->
<script src="https://unpkg.com/vue@3/dist/vue.global.js"></script>
<script>
    const vm= Vue.createApp({
        //该函数返回数据对象
        data(){
          return{
            val:''
          }
        }
    //在指定的DOM元素上装载应用程序实例的根组件
    }).mount('#app');
</script>
```

在Chrome浏览器中运行程序，在输入框中输入"　　　apple18.6　　　"，其前后设置许多空格，可以看到val的长度为9，不会因为添加空格而改变val的长度，效果如图4-20所示。

图 4-20　trim 修饰符

4.9　案例实战——设计用户注册页面

使用Vue.js设计用户注册页面比较简单。通过使用v-model指令对表单数据自动收集，从而能够轻松实现表单输入和应用状态之间的双向绑定。案例代码如例4.15所示。

【例4.15】　设计用户注册页面（源代码\ch4\4.15.html）。

```html
<div id="app">
    <form @submit.prevent="handleSubmit">
        <span>用户名称:</span>
        <input type="text" v-model="user.userName"><br>
        <span>用户密码:</span>
        <input type="password" v-model="user.pwd"><br>
        <span>性别:</span>
        <input type="radio" id="female" value="female" v-model="user.gender">
        <label for="female">女</label>
        <input type="radio" id="male" value="male" v-model="user.gender">
        <label for="male">男</label><br>
        <span>喜欢的技术:</span>
        <input type="checkbox" id="basketball" value="basketball"
v-model="user.hobbys">
        <label for="basketball">Java开发</label>
        <input type="checkbox" id="football" value="football"
v-model="user.hobbys">
        <label for="football">Python开发</label>
        <input type="checkbox" id="pingpang" value="pingpang"
v-model="user.hobbys">
        <label for="pingpang">PHP开发</label><br>
        <span>就业城市:</span>
        <select v-model="user.selCityId">
            <option value="">未选择</option>
            <option v-for="city in
citys" :value="city.id">{{city.name}}</option>
        </select><br>
        <span>介绍:</span><br>
        <textarea rows="5" cols="30" v-model="user.desc"></textarea><br>
        <input type="submit" value="注册">
```

```
        </form>
    </div>
    <!--引入Vue文件-->
    <script src="https://unpkg.com/vue@3/dist/vue.global.js"></script>
    <script>
        //创建一个应用程序实例
        const vm= Vue.createApp({
            //该函数返回数据对象
            data(){
                return{
                    user:{
                        userName:'',
                        pwd:'',
                        gender:'female',
                        hobbys:[],
                        selCityId:'',
                        desc:''
                    },
                    citys:[{id:01,name:"北京"},{id:02,name:"上海"},{id:03,name:"广州"}],
                }
            },
            methods:{
                handleSubmit(event){
                    console.log(JSON.stringify(this.user));
                }
            }
        //在指定的DOM元素上装载应用程序实例的根组件
        }).mount('#app');
    </script>
```

在Chrome浏览器中运行程序，输入注册的信息后，单击"注册"按钮，按F12键打开控制台并切换到Console选项卡，可以看到用户的注册信息，如图4-21所示。

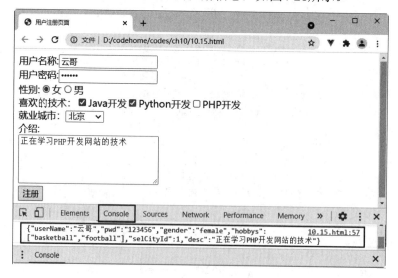

图4-21　设计用户注册页面

第 **5** 章

处理用户交互

使用v-on指令监听DOM事件来触发一些JavaScript代码，从而可以处理用户交互。另外，通过监听器也可以通过异步操作处理用户交互。监听器是一个对象，以key-value的形式表示。key是需要监听的表达式，value是对应的回调函数。value也可以是方法名，或者包含选项的对象。Vue实例将会在实例化时调用$watch()遍历watch对象的每一个property。本章将讲解Vue.js中事件处理的技巧和监听器对象的使用用法。

5.1 监听事件

事件其实就是在程序运行过程中，可以调用方法改变对应的内容。下面先来看一个简单的示例。

```
<div id="app">
    <p>期末考试总成绩是:{{ num }}分</p>
</div>
<!--引入Vue文件-->
<script src="https://unpkg.com/vue@3/dist/vue.global.js"></script>
<script>
    //创建一个应用程序实例
    const vm= Vue.createApp({
        //该函数返回数据对象
        data(){
          return{
              num:360
          }
        }
        //在指定的DOM元素上装载应用程序实例的根组件
    }).mount('#app');
</script>
```

运行的结果为"期末考试总成绩是：360分"。在上面的示例中，如果想要改变考试成绩，就可以通过事件来完成。

在JavaScript中可以使用的事件，在Vue.js中也都可以使用。使用事件时，需要v-on指令监听DOM事件。

下面看一个示例，在上面示例的基础上添加两个按钮，当单击不同的按钮时增加或减少考试成绩。示例代码如例5.1所示。

【例5.1】   添加单击事件（源代码\ch05\5.1.html）。

```html
<div id="app">
    <button v-on:click="num--">减少1分</button>
    <button v-on:click="num++">增加1分</button>
    <p>期末考试总成绩是:{{ num }}分</p>
</div>
<!--引入Vue文件-->
<script src="https://unpkg.com/vue@3/dist/vue.global.js"></script>
<script>
    //创建一个应用程序实例
    const vm= Vue.createApp({
        //该函数返回数据对象
        data(){
          return{
            num:360
          }
        }
        //在指定的DOM元素上装载应用程序实例的根组件
    }).mount('#app');
</script>
```

在Chrome浏览器中运行程序，多次单击"增加1分"按钮，期末考试总成绩会不断增加，结果如图5-1所示。

图 5-1   单击事件

5.2   事件处理方法

在5.1节的示例中，是直接操作属性，但在实际的项目开发中，不可能直接对属性进行操作。例如，在前面的示例中，如果想要单击一次按钮，期末考试成绩增加或减少10分呢？

许多事件处理逻辑会更为复杂，所以直接把JavaScript代码写在v-on指令中是不可行的。在Vue.js中，v-on还可以接收一个需要调用的方法名称，可以在方法中来完成复杂的逻辑。

下面的示例在方法中实现单击按钮增加或减少10分的操作。

【例5.2】　事件处理方法（源代码\ch05\5.2.html）。

```html
<div id="app">
    <button v-on:click="reduce">减少10分</button>
    <button v-on:click="add">增加10分</button>
    <p>期末考试总成绩是:{{ num }}分</p>
</div>
<!--引入Vue文件-->
<script src="https://unpkg.com/vue@3/dist/vue.global.js"></script>
<script>
    //创建一个应用程序实例
    const vm= Vue.createApp({
        //该函数返回数据对象
        data(){
          return{
            num:360
          }
        },
        methods:{
            add:function(){
                this.num+=10
            },
            reduce:function(){
                this.num-=10
            }
        }
    //在指定的DOM元素上装载应用程序实例的根组件
    }).mount('#app');
</script>
```

在Chrome浏览器中运行程序，单击"增加10分"按钮，期末考试总成绩就增加10分，结果如图5-2所示。

图 5-2　事件处理方法

注意，"v-on:"可以使用"@"代替，例如下面的代码：

```html
<button @click="reduce">减少10分</button>
<button @click="add">增加10分</button>
```

"v-on:" 和 "@" 的作用是一样的，可根据自己的习惯进行选择。这样就把逻辑代码写到了方法中。相对于上面的示例，还可以通过传入参数来实现，在调用方法时，传入想要增加或减少的数量，在Vue.js中定义一个change参数来接收。示例代码如例5.3所示。

【例5.3】　事件处理方法的参数（源代码\ch05\5.3.html）。

```html
<div id="app">
    <button v-on:click="reduce(100)">减少100分</button>
    <button v-on:click="add(100)">增加100分</button>
    <p>期末考试总成绩是:{{ num }}分</p>
</div>
<!--引入Vue文件-->
<script src="https://unpkg.com/vue@3/dist/vue.global.js"></script>
<script>
    //创建一个应用程序实例
    const vm= Vue.createApp({
        //该函数返回数据对象
        data(){
          return{
            num:3600
          }
        },
        methods:{
            //在方法中定义一个参数change，接收HTML中传入的参数
            add:function(change){
                this.num +=change
            },
            reduce:function(change){
                this.num -=change
            }
        }
    //在指定的DOM元素上装载应用程序实例的根组件
    })).mount('#app');
</script>
```

在Chrome浏览器中运行程序，单击"增加100分"按钮，期末考试总成绩就增加100分，结果如图5-3所示。

图 5-3　事件处理方法的参数

对于定义的方法，多个事件都可以调用。例如，在上面的示例中，再添加两个按钮，分别添加双击事件，并调用add()和reduce()方法。单击事件传入参数10，双击事件传入参数100，在Vue中使用change进行接收。示例代码如例5.4所示。

【例5.4】　多个事件调用一个方法（源代码\ch05\5.4.html）。

```html
<div id="app">
    <div>单击:
        <button v-on:click="reduce(10)">减少10分</button>
        <button v-on:click="add(10)">增加10分</button>
    </div>
    <p>期末考试总成绩是:{{ num }}分</p>
    <div>双击:
        <button v-on:dblclick="reduce(100)">减少100分</button>
        <button v-on:dblclick="add(100)">增加100分</button>
    </div>
</div>
<!--引入Vue文件-->
<script src="https://unpkg.com/vue@3/dist/vue.global.js"></script>
<script>
    //创建一个应用程序实例
    const vm= Vue.createApp({
        //该函数返回数据对象
        data(){
          return{
            num:3600
          }
        },
        methods:{
            add:function(change){
                this.num+=change
            },
            reduce:function(change){
                this.num-=change
            }
        }
        //在指定的DOM元素上装载应用程序实例的根组件
    }).mount('#app');
</script>
```

在Chrome浏览器中运行程序，单击或者双击按钮，期末考试总成绩会随之改变，效果如图5-4所示。

图 5-4　多个事件调用一个方法

> ⊞✛注意 在Vue事件中，可以使用事件名称add或reduce进行调用，也可以使用事件名
> 加上"()"的形式，例如add()、reduce()。但是在具有参数时，需要使用add()、reduce()
> 的形式。在{{}}中调用方法时，必须使用add()、reduce()形式。

5.3 事件修饰符

对事件可以添加一些通用的限制。例如添加阻止事件冒泡，Vue对这种事件的限制提供了
特定的写法，称之为修饰符，语法如下：

```
v-on:事件.修饰符
```

在事件处理程序中，调用event.preventDefault()（阻止默认行为）或event.stopPropagation()
（阻止事件冒泡）是非常常见的需求。尽管可以在方法中轻松实现这一点，但更好的方式是使
用纯粹的数据逻辑，而不是处理DOM事件细节。

在Vue中，事件修饰符处理了许多DOM事件的细节，让我们不再需要花费大量时间来处理
这些烦恼的事情，能有更多精力专注于程序的逻辑处理。在Vue中，事件修饰符主要有：

（1）stop等同于JavaScript中的event.stopPropagation()，用于阻止事件冒泡。

（2）prevent等同于JavaScript中的event.preventDefault()，用于阻止默认事件的发生。

（3）capture与事件冒泡的方向相反，事件捕获由外到内。

（4）self只会触发自己范围内的事件。

（5）once只会触发一次。

（6）passive执行默认行为。

下面分别来看每个修饰符的用法。

5.3.1 stop

stop修饰符用来阻止事件冒泡。在下面的示例中，创建一个div元素，在其内部也创建一个
div元素，并分别为它们添加单击事件。根据事件的冒泡机制可以得知，当单击内部的div元素
之后，会扩散到父元素div，从而触发父元素的单击事件。

【例5.5】 冒泡事件（源代码\ch05\5.5.html）。

```
<head>
    <meta charset="UTF-8">
    <title>冒泡事件</title>
<style>
    .outside{
        width: 200px;
        height: 100px;
        border: 1px solid red;
        text-align: center;
```

```
    }
    .inside{
        width: 100px;
        height: 50px;
        border:1px solid black;
        margin:15% 25%;
    }
</style>
</head>
<body>
<div id="app">
    <div class="outside" @click="outside">
        <div class="inside" @click ="inside">冒泡事件</div>
    </div>
</div>
<!--引入Vue文件-->
<script src="https://unpkg.com/vue@3/dist/vue.global.js"></script>
<script>
    //创建一个应用程序实例
    const vm= Vue.createApp({
        methods: {
            outside: function () {
                alert("外面div的单击事件")
            },
            inside: function () {
                alert("内部div的单击事件")
            }
        }
        //在指定的DOM元素上装载应用程序实例的根组件
    }).mount('#app');
</script>
```

在Chrome浏览器中运行程序，单击内部inside元素，触发自身事件，效果如图5-5所示；根据事件的冒泡机制，也会触发外部的outside元素，效果如图5-6所示。

图 5-5　触发内部元素事件　　　　　　　　　　图 5-6　触发外部元素事件

如果不希望出现事件冒泡，则可以使用Vue内置的修饰符stop便捷地阻止事件冒泡的产生。因为是单击内部div元素后产生的事件冒泡，所以只需要在内部div元素的单击事件上加上stop修饰符即可。

【例5.6】　使用stop修饰符阻止事件冒泡（源代码\ch05\5.6.html）。

修改上面案例中HTML对应的代码：

```html
<div id="app">
    <div class="outside" @click="outside">
        <div class="inside" @click.stop="inside">阻止事件冒泡</div>
    </div>
</div>
```

在Chrome浏览器中运行程序，单击内部的div后，将不再触发父元素单击事件，如图5-7所示。

图 5-7　只触发内部元素事件

5.3.2　capture

事件捕获模式与事件冒泡模式是一对相反的事件处理流程，当想要将页面元素的事件流改为事件捕获模式时，只需要在父级元素的事件上使用capture修饰符即可。若有多个该修饰符，则由外而内触发。

在下面的示例中，创建3个div元素，把它们分别嵌套，并添加单击事件。为外层的两个div元素添加capture修饰符。当单击内部的div元素时，将从外向内触发含有capture修饰符的div元素的事件。

【例5.7】　capture修饰符（源代码\ch05\5.7.html）。

```html
<style>
    .outside{
```

```
            width: 300px;
            height: 180px;
            color:white;
            font-size: 30px;
            background: red;
            margin-top: 120px;
        }
        .center{
            width: 200px;
            height: 120px;
            background: #17a2b8;
        }
        .inside{
            width: 100px;
            height: 60px;
            background: #a9b4ba;
        }
    </style>
    <div id="app">
        <div class="outside" @click.capture="outside">
            <div class="center" @click.capture="center">
                <div class="inside" @click="inside">内部</div>
                中间
            </div>
            外层
        </div>
    </div>
    <!--引入Vue文件-->
    <script src="https://unpkg.com/vue@3/dist/vue.global.js"></script>
    <script>
        //创建一个应用程序实例
        const vm= Vue.createApp({
            methods: {
                outside:function(){
                    alert("外面的div")
                },
                center:function(){
                    alert("中间的div")
                },
                inside: function () {
                    alert("内部的div")
                }
            }
        //在指定的DOM元素上装载应用程序实例的根组件
        }).mount('#app');
    </script>
```

在Chrome浏览器中运行程序，单击内部的div元素会先触发添加了capture修饰符的外层div元素，如图5-8所示；然后触发中间的div元素，如图5-9所示；最后触发单击的内部元素，如图5-10所示。

图 5-8   触发外层 div 元素事件   图 5-9   触发中间 div 元素事件

图 5-10   触发内部 div 元素事件

5.3.3   self

self修饰符可以理解为跳过冒泡事件和捕获事件，只有直接作用在该元素上的事件才可以执行。self修饰符会监视事件是否直接作用在元素上，若不是，则冒泡跳过该元素。

【例5.8】   self修饰符（源代码\ch05\5.8.html）。

```
<style>
    .outside{
        width: 300px;
        height: 180px;
        color:white;
        font-size: 30px;
        background: red;
```

```
            margin-top: 100px;
        }
        .center{
            width: 200px;
            height: 120px;
            background: #17a2b8;
        }
        .inside{
            width: 100px;
            height: 60px;
            background: #a9b4ba;
        }
</style>
<div id="app">
    <div class="outside" @click="outside">
        <div class="center" @click.self="center">
            <div class="inside" @click="inside">内部</div>
            中间
        </div>
        外层
    </div>
</div>
<!--引入Vue文件-->
<script src="https://unpkg.com/vue@3/dist/vue.global.js"></script>
<script>
    //创建一个应用程序实例
    const vm= Vue.createApp({
        methods: {
            outside: function () {
                alert("外面的div")
            },
            center: function () {
                alert("中间的div")
            },
            inside: function () {
                alert("内部的div")
            }
        }
    //在指定的DOM元素上装载应用程序实例的根组件
    }).mount('#app');
</script>
```

在Chrome浏览器中运行程序,单击内部的div后,触发该元素的单击事件,效果如图5-11所示;由于中间div添加了self修饰符,并且直接单击该元素,因此会跳过;内部div执行完毕,外层的div紧接着执行,效果如图5-12所示。

图 5-11　触发内部 div 元素事件　　　　　　图 5-12　触发外层 div 元素事件

5.3.4　once

有的操作只需要执行一次，比如微信朋友圈点赞，这时便可以使用once修饰符来完成。

提示　不像其他只能对原生的DOM事件起作用的修饰符，once修饰符还能被用到自定义的组件事件上。

【例5.9】　once修饰符（源代码\ch05\5.9.html）。

```
<div id="app">
    <button @click.once="add">点赞 {{num }}</button>
</div>
<!--引入Vue文件-->
<script src="https://unpkg.com/vue@3/dist/vue.global.js"></script>
<script>
    //创建一个应用程序实例
    const vm= Vue.createApp({
        //该函数返回数据对象
        data(){
            return{
                num:0
            }
        },
        methods:{
            add:function(){
                this.num +=1
            },
        }
    //在指定的DOM元素上装载应用程序实例的根组件
    }).mount('#app');
</script>
```

在Chrome浏览器中运行程序，单击"点赞0"按钮，count值从0变成1，之后，无论再单击多少次，count的值仍然是1，效果如图5-13所示。

图 5-13 once 修饰符作用效果

5.3.5 prevent

prevent修饰符用于阻止默认行为，例如<a>标签，当单击该标签时，默认会跳转到对应的链接，如果添加上prevent修饰符，则不会跳转到对应的链接。

而passive修饰符尤其能够提升移动端的性能。

> **提示** 不要把passive和prevent修饰符一起使用，因为prevent将会被忽略，同时浏览器可能会展示一个警告。passive修饰符会告诉浏览器不想阻止事件的默认行为。

【例5.10】 prevent修饰符（源代码\ch05\5.10.html）。

```html
<div id="app">
    <div style="margin-top: 100px">
        <a @click.prevent="alert()" href="https://cn.vuejs.org" >阻止跳转</a>
    </div>
</div>
<!--引入Vue文件-->
<script src="https://unpkg.com/vue@3/dist/vue.global.js"></script>
<script>
    //创建一个应用程序实例
    const vm= Vue.createApp({
        methods:{
            alert:function(){
                alert("阻止<a>标签的链接")
            }
        }
        //在指定的DOM元素上装载应用程序实例的根组件
    }).mount('#app');
</script>
```

在Chrome浏览器中运行程序，单击"阻止跳转"链接，触发alert()事件弹出"阻止<a>标签的链接"，效果如图5-14所示；然后单击"确定"按钮，可发现页面将不再进行跳转。

图 5-14 prevent 修饰符

5.3.6　passive

明明是默认执行的行为，为什么还要使用passive修饰符呢？原因是浏览器只有等内核线程执行到事件监听器对应的JavaScript代码时，才能知道内部是否会调用preventDefault函数来阻止事件的默认行为，所以浏览器本身是没有办法对这种场景进行优化的。这种场景下，用户的手势事件无法快速产生，会导致页面无法快速执行滑动逻辑，从而让用户感觉到页面卡顿。

通俗地说，就是每次事件产生时，浏览器都会查询一下是否有preventDefault阻止这次事件的默认动作。加上passive修饰符就是为了告诉浏览器，不用查询了，没用preventDefault阻止默认行为。

passive修饰符一般用在滚动监听、@scoll和@touchmove中。因为在滚动监听过程中，移动每个像素都会产生一次事件，每次都使用内核线程查询prevent会使滑动卡顿。通过passive修饰符将内核线程查询跳过，可以大大提升滑动的流畅度。

> **注意** 使用修饰符时，顺序很重要，相应的代码会以同样的顺序产生。因此，使用v-on:click.prevent.self会阻止所有的单击，而v-on:click.self.prevent只会阻止对元素自身的单击。

5.4　按键修饰符

在Vue中可以使用以下3种键盘事件。

- keydown：键盘按键按下时触发。
- keyup：键盘按键抬起时触发。
- keypress：键盘按键按下抬起间隔期间触发。

在日常的页面交互中，经常会遇到这种需求。例如，用户输入账号和密码后按Enter键，以及一个多选筛选条件，通过单击多选框后自动加载符合选中条件的数据。在传统的前端开发中，碰到这种类似的需求时，往往需要知道JavaScript中需要监听的按键所对应的keyCode，然后通过判断keyCode得知用户按下了哪个按键，继而执行后续的操作。

> **提示** keyCode返回keypress事件触发的键值的字符代码或keydown、keyup事件触发的键值的代码。

下面来看一个示例，当触发键盘事件时，调用一个方法。在这个示例中，为两个input输入框绑定keyup事件，用键盘在输入框输入内容时触发，每次输入内容都会触发并调用name或password方法。示例代码如例5.11所示。

【例5.11】 触发键盘事件（源代码\ch05\5.11.html）。

```
<div id="app">
    <label for="name">姓名：</label>
```

```
        <input v-on:keyup="name" type="text" id="name">
        <label for="pass">密码: </label>
        <input v-on:keyup="password" type="password" id="pass">
</div>
<!--引入Vue文件-->
<script src="https://unpkg.com/vue@3/dist/vue.global.js"></script>
<script>
    //创建一个应用程序实例
    const vm= Vue.createApp({
        methods: {
            name:function(){
                console.log("正在输入姓名...")
            },
            password:function(){
                console.log("正在输入密码...")
            }
        }
    //在指定的DOM元素上装载应用程序实例的根组件
    }).mount('#app');
</script>
```

在浏览器中运行，打开控制台，然后在输入框中输入姓名和密码。可以发现，每次输入时，都会调用对应的方法打印内容，如图5-15所示。

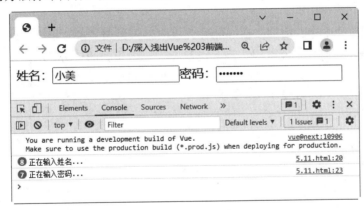

图 5-15　每次输入内容都会触发

Vue提供了一种便利的方式来实现监听按键事件。在监听键盘事件时，经常需要查找常见的按键所对应的keyCode，而Vue为常用的按键提供了绝大多数常用的按键码的别名：

```
.enter
.tab
.delete (捕获"删除"和"退格"键)
.esc
.space
.up
.down
.left
.right
```

对于上面的示例，每次输入都会触发keyup事件，有时候不需要每次输入都触发，例如发QQ消息，希望所有的内容都输入完成再发送。这时可以为keyup事件添加enter按键码，当Enter键抬起时，才会触发keyup事件。

例如，修改上面的示例，在keyup事件后添加enter按键码。示例代码如例5.12所示。

【例5.12】　添加enter按键码（源代码\ch05\5.12.html）。

```html
<div id="app">
    <label for="name">商品名称: </label>
    <input v-on:keyup.enter="name" type="text" id="name">
</div>
<!--引入Vue文件-->
<script src="https://unpkg.com/vue@3/dist/vue.global.js"></script>
<script>
    const vm= Vue.createApp({
        methods: {
            name:function(){
                console.log("正在输入商品名称...")
            }
        }
    //在指定的DOM元素上装载应用程序实例的根组件
    }).mount('#app');
</script>
```

在Chrome浏览器中运行程序，在input输入框中输入姓名"洗衣机"，然后按Enter键，弹起后触发keyup方法，打印"正在输入商品名称..."，效果如图5-16所示。

图 5-16　按 Enter 键并弹起时触发

5.5　系统修饰键

我们可以用如下修饰符，来实现仅在按相应按键时才触发鼠标或键盘事件的监听器：

```
.ctrl
.alt
.shift
.meta
```

提示 系统修饰键与常规按键不同，在和keyup事件一起使用时，事件触发时修饰键必须处于按下状态。换句话说，只有在按住Ctrl键的情况下释放其他按键，才能触发keyup.ctrl，而单单释放ctrl键不会触发事件。

【例5.13】 系统修饰键（源代码\ch05\5.13.html）。

```html
<div id="app">
    <label for="name">姓名：</label>
    <!--添加shift按键码-->
    <input v-on:keyup.shift.enter="name" type="text" id="name">
</div>
<!--引入Vue文件-->
<script src="https://unpkg.com/vue@3/dist/vue.global.js"></script>
<script>
    //创建一个应用程序实例
    const vm= Vue.createApp({
        methods: {
            name:function(){
                console.log("正在输入姓名...")
            }
        }
        //在指定的DOM元素上装载应用程序实例的根组件
    }).mount('#app');
</script>
```

在Chrome浏览器中运行程序，在input中输入内容后，按Enter键是无法激活keyup事件的，首先需要按Shift键，再按Enter键才可以触发，效果如图5-17所示。

图 5-17 系统修饰键

5.6 使用监听器

监听器在Vue实例的watch选项中定义。它包括两个参数，第一个参数用于监听数据的新值，第二个用于监听数据的旧值。

下面的示例监听data()函数中的message属性，并在控制台中打印新值和旧值。

【例5.14】 　使用监听器（源代码\ch05\5.14.html）。

```html
<div id="app">
    时：<input type="text" v-model="time">
    分钟：<input type="text" v-model="minute">
</div>
<!--引入Vue文件-->
<script src="https://unpkg.com/vue@3/dist/vue.global.js"></script>
<script>
    //创建一个应用程序实例
    const vm= Vue.createApp({
        //该函数返回数据对象
        data(){
          return{
            time:0,
            minute:0
          }
        },
        watch:{
          time(val) {
              this.minute = val * 60;
          },
          // 监听器函数也可以接收两个参数，val是当前值，oldVal是改变之前的值
           minute(val, oldVal) {
              this.time = val / 60;
          }
        }
    //在指定的DOM元素上装载应用程序实例的根组件
    }).mount('#app');
</script>
```

在Chrome浏览器中运行程序，这里将分别监听数据属性time和minute的变化，当其中一个数据的值发生变化时，就会调用对应的监听器，经过计算得到另一个数据属性的值，结果如图5-18所示。

图 5-18　监听属性值的变化

注意，不要用箭头函数来定义watch函数。例如：

```js
time:(val) =>{
    this.time = val;
    this.minute = this.time*60
}
```

因为箭头函数绑定了父级作用域的上下文，所以this将不会按照期望指向Vue实例，this.time和this.minute都是undefined。

5.7　监听方法

在使用监听器的时候，除直接写一个监听处理函数外，还可以接收一个加字符串形式的方法名，方法在methods选项中定义。示例代码如例5.15所示。

【例5.15】　使用监听器方法（源代码\ch05\5.15.html）。

在示例中监听了yuan和jiao属性，后面直接加上字符串形式的方法名method1和method2，最后在页面中使用v-model指令绑定yuan和jiao属性。

```html
<div id="app">
    <p>元和角的转换</p>
    <p>元: <input type="text" v-model="yuan"></p>
    <p>角: <input type="text" v-model="jiao"></p>
</div>
<!--引入Vue文件-->
<script src="https://unpkg.com/vue@3/dist/vue.global.js"></script>
<script>
    //创建一个应用程序实例
    const vm= Vue.createApp({
        //该函数返回数据对象
        data(){
          return{
            yuan:0,
            jiao:0
          }
        },
        methods:{
            method1:function (val,oldVal) {
                this.jiao=val*10;
            },
            method2:function (val,oldVal) {
                this.yuan=val/10;
            }
        },
        watch:{
            //监听yuan属性，yuan变化时，使jiao属性等于yuan*10
            yuan:"method1",
            //监听jiao属性，jiao变化时，使val属性等于jiao/10
            jiao:"method2"
        }
        //在指定的DOM元素上装载应用程序实例的根组件
    }).mount('#app');
</script>
```

在Chrome浏览器中运行程序，在第一个输入框中输入6，可以发现第二个输入框的值相应地变为60，如图5-19所示。同样，在第二个输入框中输入数字，第一个输入框也会相应地变化。

图 5-19　监听方法

5.8　监听对象

当监听器监听一个对象时，使用 handler 定义数据变化时调用的监听器函数，还可以设置 deep 和 immediate 属性。

deep 属性在监听对象属性变化时使用，该选项的值为 true，表示无论该对象的属性在对象中的层级有多深，只要该属性的值发生变化，都会被监测到。

监听器函数在初始渲染时并不会被调用，只有在后续监听的属性发生变化时才会被调用；如果需要监听器函数在监听开始后立即执行，可以使用 immediate 选项，将其值设置为 true。

下面的示例监听一个 goods 对象，在商品价格改变时显示是否可以采购。

【例5.16】　监听对象（源代码\ch05\5.16.html）。

```
<div id="app">
    商品价格: <input type="text" v-model="goods.price">
    <p>{{pess}}</p>
</div>
<!--引入Vue文件-->
<script src="https://unpkg.com/vue@3/dist/vue.global.js"></script>
<script>
    //创建一个应用程序实例
    const vm= Vue.createApp({
        //该函数返回数据对象
        data(){
            return{
                pess:'',
                goods: {
                    name: '洗衣机',
                    price:0
                }
            }
        },
        watch: {
            goods:{
                //该回调函数在goods对象的属性发生改变时被调用
                handler: function(newValue,oldValue){
                    if(newValue.price>=8000){
```

```
                        this.pess="价格太贵了，不可以采购！";
                    }
                    else{
                        this.pess="价格合适，可以采购！";
                    }
                },
                //设置为true，无论属性被嵌套得多深，改变时都会调用handler函数
                deep:true
            }
        }
    //在指定的DOM元素上装载应用程序实例的根组件
    }).mount('#app');
</script>
```

在Chrome浏览器中运行程序，在输入框中输入860，下面会显示"价格合适，可以采购！"，如图5-20所示；修改为8600，下面会变成"价格太贵了，不可以采购！"，如图5-21所示。

图 5-20　输入 860 的效果　　　　　　　　　　　图 5-21　输入 8600 的效果

从上面的示例可以发现，页面初始化时监听器不会被调用，只有在监听的属性发生变化时才会被调用；如果要让监听器函数在页面初始化时执行，可以使用immediate选项，将其值设置为true。

```
watch: {
    goods:{
        //该回调函数在goods对象的属性改变时被调用
        handler: function(newValue,oldValue){
            if(newValue.price>=8000){
                this.pess="价格太贵了，不可以采购！";
            }
            else{
                this.pess="价格合适，可以采购！";
            }
        },
        //设置为true，无论属性被嵌套得多深，改变时都会调用handler函数
        deep:true,
        //页面初始化时执行handler函数
        immediate:true
    }
}
```

此时在Chrome浏览器中运行程序，可以发现，虽然没有改变属性值，也调用了回调函数，显示了"价格合适，可以采购！"，如图5-22所示。

图 5-22   immediate 选项的作用

在上面的示例中，使用deep属性深入监听，监听器会一层一层地往下遍历，给对象的所有属性都加上这个监听器，修改对象中任何一个属性都会触发监听器中的handler函数。

在实际开发过程中，用户很可能只需要监听对象中的某几个属性，设置deep:true之后就会增大程序性能的开销。这里可以直接监听想要监听的属性，例如修改上面的示例，只监听score属性。

【例5.17】   监听器对象的单个属性（源代码\ch05\5.17.html）。

```html
<div id="app">
    商品产地：<input type="text" v-model="goods.city">
    <p>{{pess}}</p>
</div>
<!--引入Vue文件-->
<script src="https://unpkg.com/vue@3/dist/vue.global.js"></script>
<script>
    //创建一个应用程序实例
    const vm= Vue.createApp({
        //该函数返回数据对象
        data(){
         return{
           pess:'',
           goods: {
             name: '洗衣机',
             city:''
           }
         }
        },
        watch: {
           //监听goods对象的city属性
           'goods.city':{
             handler: function(newValue,oldValue){
                 if(newValue == "上海"){
                     this.pess="商品的产地是上海！";
                 }
                 else{
                     this.pess="商品的产地不是上海！";
                 }
             },
             //设置为true,无论属性被嵌套得多深，改变时都会调用handler函数
             deep:true
```

```
        }
      }
    //在指定的DOM元素上装载应用程序实例的根组件
    }).mount('#app');
</script>
```

在Chrome浏览器中运行程序，在输入框中输入"北京"，结果如图5-23所示；在输入框中输入"上海"，结果如图5-24所示。

图 5-23　输入"北京"的效果　　　　　　图 5-24　输入"上海"的效果

> **提示**　监听对象的属性时，因为使用了点号（.），所以要使用单引号（''）或双引号（""）将其包裹起来，例如"'goods.city'"。

5.9　案例实战 1——使用监听器设计购物车效果

本节将使用监听器设计购物车效果，这个购物车需要满足以下需求：

（1）当用户每次修改预购买商品的名称的时候，都需要清空购买数量。

（2）对购物车数据进行侦听，每次单击"加入购物车"按钮，会显示商品名称和数量。

【例5.18】　设计购物车效果（源代码\ch05\5.18.html）。

```
<div id="app">
    <div>商品名称：<input v-model="name"/></div>
    <button v-on:click="cut">减一个</button>
        购买数量{{count}}
    <button v-on:click="add">加一个</button>
    <button v-on:click="addCart">加入购物车</button>
    <div v-for="(item, index) in list" :key="index">
        {{item.name}}  x{{item.count}}
    </div>
</div>
<!--引入Vue文件-->
<script src="https://unpkg.com/vue@3/dist/vue.global.js"></script>
<script>
    //创建一个应用程序实例
    const vm= Vue.createApp({
        //该函数返回数据对象
        data(){
```

```
            return{
                name: '',
                count:0,
                isMax: false,
                list: []
            }
        },
    methods: {
      cut() {
        this.count = this.count - 1
        this.isMax = false
      },
      add() {
        this.count = this.count + 1
      },
      addCart() {
        this.list.push({
          name: this.name,
          count: this.count
        })
      }
    },
    watch: {
      count: function(newVal, oldVal) {
        if(newVal > 10) {
          this.isMax = true
        }
        if(newVal < 0) {
          this.count = 0
        }
      },
      name: function() {
        this.count = 0,
        this.isMax = false
      }
    }
  }
  //在指定的DOM元素上装载应用程序实例的根组件
  }).mount('#app');
</script>
```

在Chrome浏览器中运行程序，输入商品名称后多次单击“加一个”按钮，然后单击“加入购物车”按钮，结果如图5-25所示。

图 5-25   购物车效果

5.10 案例实战 2——处理用户注册信息

本案例主要在按钮、下拉列表、复选框上添加事件处理，从而实现注册用户时的信息处理。在选择"同意本站协议"复选框之前，"注册"按钮是不可用的。

【例5.19】 处理用户注册信息（源代码\ch05\5.19.html）。

```html
<div id="app">
    <p>{{msg}}</p>
    <button v-on:click="handleClick">单击按钮</button>
    <button @click="handleClick">单击按钮</button>
    <h5>选择感兴趣的技术</h5>
    <select v-on:change="handleChange">
        <option value="web">网站前端技术</option>
        <option value="python">Python编程技术</option>
        <option value="java">Java编程技术</option>
    </select>
    <h5>表单提交</h5>
    <form v-on:submit.prevent="handleSubmit">
        <input type="checkbox"  v-on:click="handleDisabled"/>
        同意本站协议
        <br><br>
        <button :disabled="isDisabled">注册</button>
    </form>
</div>
<!--引入Vue文件-->
<script src="https://unpkg.com/vue@3/dist/vue.global.js"></script>
<script>
    //创建一个应用程序实例
    const vm= Vue.createApp({
        //该函数返回数据对象
        data(){
          return{
              msg:"注册账户",
              isDisabled:true
          }
        },
        //methods对象
        methods:{
            //通过methods来定义需要的方法
            handleClick:function(){
                console.log("btn is clicked");
            },
            handleChange:function(event){
                console.log("选择了某选项"+event.target.value);
            },
            handleSubmit:function(){
                console.log("触发事件");
```

```
        },
        handleDisabled:function(event){
            console.log(event.target.checked);
          if(event.target.checked==true){
            this.isDisabled =  false;
          }
          else {
            this.isDisabled =  true;
          }
        }
      }
    //在指定的DOM元素上装载应用程序实例的根组件
    }).mount('#app');
</script>
```

　　在Chrome浏览器中运行程序，单击"单击按钮"按钮，选择下拉列表项和选择复选框时，将触发不同的事件，如图5-26所示。

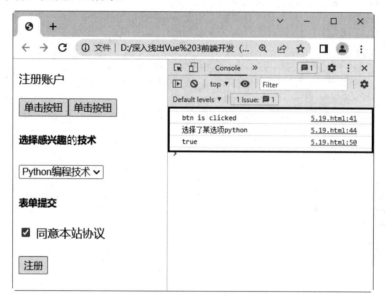

图 5-26　处理用户注册信息

第 **6** 章

精通组件和组合API

在前端应用程序开发中，如果所有的实例都写在一起，必然会导致代码既长又不好理解。组件就解决了这个问题，它是带有名字的可复用实例，不仅可以重复使用，还可以扩展。组件是Vue.js的核心功能。组件可以将一些相似的业务逻辑进行封装，重用一些代码，从而达到简化代码的目的。另外，Vue.js 3.x新增了组合API，它是一组附加的、基于函数的API，允许灵活地组合组件逻辑。本章将重点学习组件和组合API的使用方法和技巧。

6.1　组件是什么

组件是Vue.js中的一个重要概念，它是一种抽象，是一个可以复用的Vue.js实例。它拥有独一无二的组件名称，可以扩展HTML元素，以组件名称的方式作为自定义的HTML标签。

在大多数系统网页中，网页都包含header、body、footer等部分，很多情况下，同一个系统中的多个页面，可能仅仅是页面中body部分显示的内容不同，因此，这里就可以将系统中重复出现的页面元素设计成一个个组件，当需要使用的时候，引用这个组件即可。

在为组件命名的时候，需要使用多个单词的组合，例如组件可以命名为todo-item、todo-list。但Vue.js中的内置组件例外，不需要使用单词的组合，例如内置组件名称App、<transition>和<component>。这样做可以避免自定义组件的名称与现有的Vue.js内置组件名称以及未来的HTML元素相冲突，因为所有的HTML元素的名称都是单个单词。

6.2　组件的注册

在Vue.js中创建一个新的组件之后，为了能在模板中使用，这些组件必须先进行注册以便Vue.js能够识别。在Vue.js中有两种组件的注册类型：全局注册和局部注册。

6.2.1　全局注册

全局注册组件使用应用程序实例的component()方法来注册组件。该方法有两个参数，第一个参数是组件的名称，第二个参数是函数对象或者选项对象。语法格式如下：

```
app.component({string}name,{Function|Object} definition(optional))
```

因为组件最后会被解析成自定义的HTML代码，所以可以直接在HTML中将组件名称作为标签来使用。全局注册组件示例如下。

【例6.1】　全局注册组件（源代码\ch06\6.1.html）。

```html
<div id="app">
    <!--使用my-component组件-->
    <my-component></my-component>
</div>
<!--引入Vue文件-->
<script src="https://unpkg.com/vue@3/dist/vue.global.js"></script>
<script>
    //创建一个应用程序实例
     const vm= Vue.createApp({});
    vm.component('my-component', {
        data(){
          return{
            message:"红罗袖里分明见"
           }
        },
        template: `
          <div><h2>{{message}}</h2></div>`
        });
    //在指定的DOM元素上装载应用程序实例的根组件
    vm.mount('#app');
</script>
```

运行上述程序，按F12键打开控制台并切换到Elements选项卡，效果如图6-1所示。

图6-1　全局注册组件

从控制台中可以看到，自定义的组件已经被解析成了HTML元素。需要注意一个问题，当采用小驼峰（myCom）的方式命名组件时，在使用这个组件的时候，需要将大写字母改为小写字母，同时两个字母之间需要使用"-"进行连接，例如<my-com>。

6.2.2　局部注册

有些时候，注册的组件只想在一个Vue.js实例中使用，这时可以使用局部注册的方式注册组件。在Vue.js实例中，可以通过components选项注册仅在当前实例作用域下可用的组件。

【例6.2】　局部注册组件（源代码\ch06\6.2.html）。

```html
<div id="app">
    库房里还剩<button-counter></button-counter>台洗衣机。
</div>
<!--引入Vue文件-->
<script src="https://unpkg.com/vue@3/dist/vue.global.js"></script>
<script>
    const MyComponent = {
        data() {
            return {
                num: 1000
            }
        },
        template:
            `<button v-on:click="num--">
                {{ num }}
            </button>`
    }
    //创建一个应用程序实例
    const vm= Vue.createApp({
        components: {
            ButtonCounter: MyComponent
        }
    });
    //在指定的DOM元素上装载应用程序实例的根组件
    vm.mount('#app');
</script>
```

运行上述程序，单击数字按钮将会逐步递减数字，效果如图6-2所示。

图 6-2　局部注册组件

6.3　使用 prop 向子组件传递数据

组件是当作自定义元素来使用的，而元素一般是有属性的，同样组件也可以有属性。在使用组件时，给元素设置属性，组件内部如何接受呢？首先需要在组件代码中注册一些自定义的属性，称为prop，这些prop是在组件的props选项中定义的；之后，在使用组件时，就可以把这些prop的名字作为元素的属性名来使用，通过属性向组件传递数据，这些数据将作为组件实例的属性被使用。

6.3.1　prop的基本用法

下面来看一个示例，使用prop属性向子组件传递数据，这里传递"庭院深深深几许，云窗雾阁春迟。"，在子组件的props选项中接收prop属性，然后使用差值语法在模板中渲染prop属性。

【例6.3】　使用prop属性向子组件传递数据（源代码\ch06\6.3.html）。

```
<div id="app">
    <blog-content date-title="庭院深深深几许，云窗雾阁春迟。"></blog-content>
</div>
<!--引入Vue文件-->
<script src="https://unpkg.com/vue@3/dist/vue.global.js"></script>
<script>
    const vm= Vue.createApp({});
    vm.component('blog-content', {
        props: ['dateTitle'],
        template: '<h3>{{ dateTitle }}</h3>',
        //在该组件中可以使用this.dateTitle这种形式调用prop属性
        created(){
            console.log(this.dateTitle);
        }
    });
    //在指定的DOM元素上装载应用程序实例的根组件
    vm.mount('#app');
</script>
```

运行上述程序，效果如图6-3所示。

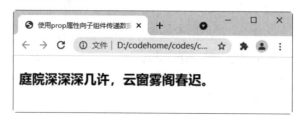

图 6-3　使用 prop 属性向子组件传递数据

提示　HTML中的attribute名是不区分大小写的，所以浏览器会把所有大写字符解释为小写字符，prop属性也适用这种规则。当使用DOM中的模板时，dateTitle（驼峰命名法）的prop名需要使用其等价的date-title（短横线分隔命名）命名。

上面的示例中，使用prop属性向子组件传递了字符串值，还可以传递数字。这只是它的一个简单用法。通常情况下，可以使用v-bind来传递动态的值，传递数组和对象时也需要使用v-bind指令。

修改上面的示例，在Vue.js实例中定义title属性，以传递到子组件中去。示例代码如下。

【例6.4】　传递title属性到子组件（源代码\ch06\6.4.html）。

```html
<div id="app">
    <blog-content v-bind:date-title="content"></blog-content>
</div>
<!--引入Vue文件-->
<script src="https://unpkg.com/vue@3/dist/vue.global.js"></script>
<script>
    const vm= Vue.createApp({
        //该函数返回数据对象
        data(){
          return{
            content:"玉瘦檀轻无限恨，南楼羌管休吹。"
          }
        }
    });
    vm.component('blog-content', {
        props: ['dateTitle'],
        template: '<h3>{{ dateTitle }}</h3>',
      });
    //在指定的DOM元素上装载应用程序实例的根组件
    vm.mount('#app');
</script>
```

运行上述程序，效果如图6-4所示。

在上面的示例中，在Vue.js实例中向子组件中传递数据，通常情况下多用于组件向组件传递数据。下面的示例创建了两个组件，在页面中渲染其中一个组件，而在这个组件中使用另一个组件，并传递title属性。

图 6-4　传递 title 属性到子组件中

【例6.5】　在组件之间传递数据（源代码\ch06\6.5.html）。

```html
<div id="app">
    <!--使用blog-content组件-->
    <blog-content></blog-content>
</div>
<!--引入Vue文件-->
<script src="https://unpkg.com/vue@3/dist/vue.global.js"></script>
<script>
    //创建一个应用程序实例
    const vm= Vue.createApp({ });
    vm.component('blog-content', {
        // 使用blog-title组件并传递content
        template: '<div><blog-title v-bind:date-title="title"></blog-title></div>',
        data:function(){
            return{
                title:"明朝准拟南轩望，洗出庐山万丈青。"
            }
        }
    });
    vm.component('blog-title', {
        props: ['dateTitle'],
        template: '<h3>{{ dateTitle }}</h3>',
    });
    //在指定的DOM元素上装载应用程序实例的根组件
    vm.mount('#app');
</script>
```

运行上述程序，效果如图6-5所示。

图 6-5　组件之间传递数据

如果组件需要传递多个值，则可以定义多个prop属性。

【例6.6】　传递多个值（源代码\ch06\6.6.html）。

```html
<div id="app">
    <!--使用blog-content组件-->
    <blog-content></blog-content>
</div>
<!--引入Vue文件-->
<script src="https://unpkg.com/vue@3/dist/vue.global.js"></script>
<script>
    const vm= Vue.createApp({ });
```

```
        vm.component('blog-content', {
            // 使用blog-title组件并传递content
            template: '<div><blog-title :name="name" :price="price" :num="num">
</blog-title></div>',
            data:function(){
                return{
                    name:"苹果",
                    price:"6.88元",
                    num:"2800公斤"
                }
            }
        });
        vm.component('blog-title', {
            props: ['name','price','num'],
            template: '<ul><li>{{name}}</li><li>{{price}}</li><li>{{num}} </li></ul> ',
        });
        //在指定的DOM元素上装载应用程序实例的根组件
        vm.mount('#app');
</script>
```

运行上述程序，效果如图6-6所示。

图 6-6   传递多个值

从上面的示例可以看到，代码以字符串数组的形式列出多个prop属性：

```
props: ['name','price','num'],
```

但是，通常我们希望每个prop属性都有指定的值类型。这时，可以以对象形式列出prop，这些property的名称和值分别是prop各自的名称和类型，例如：

```
props: {
    name: String,
    price: String,
    num: String,
}
```

6.3.2 单向数据流

所有的prop属性传递数据都是单向的。父组件的prop属性的更新会向下流动到子组件中，但是反过来则不行。这样会防止从子组件意外变更父级组件的数据，从而导致应用的数据流向难以理解。

另外，每次父级组件发生变更时，子组件中所有的prop属性都会刷新为最新的值。这意味着不应该在一个子组件内部改变prop属性。如果这样做，Vue.js会在浏览器的控制台中发出警告。

有两种情况可能需要改变组件的prop属性。第一种情况是定义一个prop属性，以方便父组件传递初始值，在子组件内将这个prop作为一个本地的prop数据来使用。遇到这种情况，解决办法是在本地的data选项中定义一个属性，然后将prop属性值作为其初始值，后续操作只访问这个data属性。示例代码如下：

```
props: ['initDate'],
data: function () {
    return {
        title: this.initDate
    }
}
```

第二种情况是prop属性接收数据后需要转换后使用。这种情况可以使用计算属性来解决。示例代码如下：

```
props: ['size'],
computed: {
    nowSize:function(){
        return this.size.trim().toLowerCase()
    }
}
```

后续的内容直接访问计算属性nowSize即可。

> 提示　在JavaScript中，对象和数组是通过引用传入的，所以对于一个数组或对象类型的prop属性来说，在子组件中改变这个对象或数组本身将会影响父组件的状态。

6.3.3　prop验证

当开发一个可复用的组件时，父组件希望通过prop属性传递的数据类型符合要求。例如，组件定义的prop属性是一个对象类型，结果父组件传递的是一个字符串的值，这明显不合适。因此，Vue.js提供了prop属性的验证规则，在定义props选项时，使用一个带验证需求的对象来代替之前使用的字符串数组（props: ['name','price','city']）。代码说明如下：

```
vm.component('my-component', {
    props: {
        // 基础的类型检查 (`null` 和 `undefined` 会通过任何类型验证)
        name: String,
        // 多个可能的类型
        price: [String, Number],
        // 必填的字符串
        city: {
            type: String,
            required: true
        },
```

```
    // 带有默认值的数字
    prop1: {
        type: Number,
        default: 100
    },
    // 带有默认值的对象
    prop2: {
        type: Object,
        // 对象或数组默认值必须从一个工厂函数获取
        default: function () {
            return { message: 'hello' }
        }
    },
    // 自定义验证函数
    prop3: {
        validator: function (value) {
            // 这个值必须匹配下列字符串中的一个
            return ['success', 'warning', 'danger'].indexOf(value) !== -1
        }
    }
}
})
```

为组件的prop指定验证要求后，如果有一个需求没有被满足，则Vue.js会在浏览器控制台中发出警告。

上面的代码验证的type可以是下面原生构造函数中的一个：

```
String
Number
Boolean
Array
Object
Date
Function
Symbol
```

另外，type还可以是一个自定义的构造函数，并且通过instanceof来进行检查确认。例如，给定下列现成的构造函数：

```
function Person (firstName, lastName) {
    this.firstName = firstame
    this.lastName = lastName
}
```

可以通过以下代码验证name的值是不是通过new Person创建的。

```
vm.component('blog-content', {
    props: {
        name: Person
    }
})
```

6.3.4 非prop的属性

在使用组件的时候，父组件可能会向子组件传入未定义prop的属性值，这样也是可以的。组件可以接收任意的属性，而这些外部设置的属性会被添加到子组件的根元素上。示例代码如下。

【例6.7】 　非prop的属性（源代码\ch06\6.7.html）。

```html
<style>
    .bg1{
        background: #C1FFE4;
    }
    .bg2{
        width: 120px;
    }
</style>
<div id="app">
    <!--使用blog-content组件-->
    <input-con class="bg2" type="text"></input-con>
</div>
<!--引入Vue文件-->
<script src="https://unpkg.com/vue@3/dist/vue.global.js"></script>
<script>
    //创建一个应用程序实例
    const vm= Vue.createApp({ });
    vm.component('input-con', {
      template: '<input class="bg1">',
    });
    //在指定的DOM元素上装载应用程序实例的根组件
    vm.mount('#app');
</script>
```

运行上述程序，输入"九曲黄河万里沙"，打开控制台，效果如图6-7所示。

从上面的示例可以看出，input-con组件没有定义任何prop，根元素是<input>，在DOM模板中使用<input-con>元素时设置了type属性，这个属性将被添加到input-con组件的根元素input上，渲染结果为<input type="text">。另外，在input-con组件的模板中还使用了class属性bg1，同时在DOM模板中设置了class属性bg2，这种情况下，两个class属性的值会被合并，最终渲染的结果为<input class="bg1 bg2" type="text">。

图 6-7　非 prop 的属性

要注意的是，只有class和style属性的值会合并，对于其他属性而言，从外部提供给组件的值会替换掉组件内容设置好的值。假设input-con组件的模板是<input type="text">，如果父组件传入type="password"，就会替换掉type="text"，最后渲染结果就变成了<input type="password">。

例如，修改上面的示例：

```
<div id="app">
    <!--使用blog-content组件-->
    <input-con class="bg2" type=" password "></input-con>
</div>
<!--引入Vue文件-->
<script src="https://unpkg.com/vue@3/dist/vue.global.js"></script>
<script>
    const vm= Vue.createApp({ });
    vm.component('input-con', {
        template: '<input class="bg1" type="text">',
    });
    //在指定的DOM元素上装载应用程序实例的根组件
    vm.mount('#app');
</script>
```

运行上述程序，然后输入12345678，可以发现input的类型为password，效果如图6-8所示。

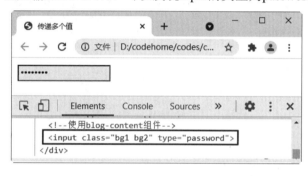

图 6-8　外部组件的值替换掉组件设置好的值

如果不希望组件的根元素继承外部设置的属性，可以在组件的选项中设置inheritAttrs: false。例如，修改上面的示例代码：

```
Vue.component('input-con', {
    template: '<input class="bg1" type="text">',
    inheritAttrs: false,
});
```

再次运行项目，可以发现父组件传递的type="password"，子组件并没有继承。

6.4　子组件向父组件传递数据

前面介绍了父组件通过prop属性向子组件传递数据，那么子组件如何向父组件传递数据呢？具体实现请看下面的讲解。

6.4.1　监听子组件事件

在Vue.js中可以通过自定义事件来实现。子组件使用$emit()方法触发事件，父组件使用v-on指令监听子组件的自定义事件。$emit()方法的语法形式如下：

```
vm.$emit(myEvent, [···args])
```

其中myEvent是自定义的事件名称，args是附加参数，这些参数会传递给监听器的回调函数。如果要向父组件传递数据，可以通过第二个参数来传递。示例代码如下。

【例6.8】　子组件向父组件传递数据（源代码\ch06\6.8.html）。

这里定义一个子组件，子组件的按钮接收到click事件后，调用$emit()方法触发一个自定义事件。在父组件中使用子组件时，可以使用v-on指令监听自定义的date事件。

```
<div id="app">
    <parent></parent>
</div>
<!--引入Vue文件-->
<script src="https://unpkg.com/vue@3/dist/vue.global.js"></script>
<script>
    //创建一个应用程序实例
    const vm= Vue.createApp({ });
    vm.component('child', {
        data:function () {
            return{
                info:{
                    name:"哈密瓜",
                    price:"8.66",
                    num:"2600公斤"
                }
            }
        },
        methods:{
            handleClick(){
                //调用实例的$emit()方法触发自定义事件greet，并传递info
                this.$emit("date",this.info)
            },
        },
        template:'<button v-on:click="handleClick">显示子组件的数据</button>'
});
    vm.component('parent', {
    data:function(){
      return{
          name:'',
          price:'',
          num:'',
      }
    },
```

```
        methods:{
            // 接收子组件传递的数据
            childDate(info){
                this.name=info.name;
                this.price=info.price;
                this.num=info.num;
            }
        },
        template:`
            <div>
                <child v-on:date="childDate"></child>
                <ul>
                    <li>{{name}}</li>
                    <li>{{price}}</li>
                    <li>{{num}}</li>
                </ul>
            </div>
            `
    });
    //在指定的DOM元素上装载应用程序实例的根组件
    vm.mount('#app');
</script>
```

运行上述程序，单击"显示子组件的数据"按钮，将显示子组件传递过来的数据，效果如图6-9所示。

图 6-9　子组件向父组件传递数据

6.4.2　将原生事件绑定到组件

在组件的根元素上可以直接监听一个原生事件，使用v-on指令时添加一个.native修饰符即可。例如：

```
<base-input v-on:focus.native="onFocus"></base-input>
```

在有的情形下这很有用，不过在尝试监听一个类似\<input\>的元素时，这并不是个好主意。例如\<base-input\>组件可能做了如下重构，所以根元素实际上是一个\<label\>元素：

```
<label>
    {{ label }}
    <input
        v-bind="$attrs"
```

```
        v-bind:value="value"
        v-on:input="$emit('input', $event.target.value)"
    >
</label>
```

这时父组件的.native监听器将静默失败，它不会产生任何报错，但是onFocus处理函数不会如预期一般被调用。

为了解决这个问题，Vue.js提供了一个$listeners属性，这个属性是一个对象，里面包含作用在这个组件上的所有监听器。例如：

```
{
    focus: function (event) { /* ... */ }
    input: function (value) { /* ... */ },
}
```

有了这个$listeners属性，就可以配合v-on="$listeners"，将所有的事件监听器指向这个组件的某个特定的子元素。对于那些需要v-model的元素（如input）来说，可以为这些监听器创建一个计算属性，例如下面代码中的inputListeners。

```
vm.component('base-input', {
    inheritAttrs: false,
    props: ['label', 'value'],
    computed: {
        inputListeners: function () {
        var vm = this
        // Object.assign 将所有的对象合并为一个新对象
        return Object.assign({},
          // 从父级添加所有的监听器
          this.$listeners,
          // 然后添加自定义监听器
          // 或覆写一些监听器的行为
          {
            // 这里确保组件配合v-model的工作
            input: function (event) {
              vm.$emit('input', event.target.value)
            }
          }
        )
      }
    },
    template: `
      <label>
        {{ label }}
        <input
          v-bind="$attrs"
          v-bind:value="value"
          v-on="inputListeners"
        >
      </label>
    `
}))
```

现在<base-input>组件是一个完全透明的包裹器，也就是说它可以完全像一个普通的<input>元素一样使用，所有跟它相同的属性和监听器都可以工作，不必再使用.native修饰符。

6.4.3　.sync修饰符

在有些情况下，可能需要对一个prop属性进行"双向绑定"。但是真正的双向绑定会带来维护上的问题，因为子组件可以变更父组件，且父组件和子组件都没有明显的变更来源。Vue.js推荐以update:myPropName模式触发事件来实现，示例代码如下。

【例6.9】　设计商品的数量（源代码\ch06\6.9.html）。

子组件代码如下：

```
vm.component('child', {
    data:function () {
        return{
            count:this.value
        }
    },
    props:{
     value:{
        type:Number,
        default:1000
     }
    },
    methods:{
        handleClick(){
            this.$emit("update:value",--this.count)
        },
    },
    template:`
    <div>
        <sapn>子组件：商品的剩余数量：{{value}}台</sapn>
        <button v-on:click="handleClick">减少</button>
    </div>
    `
});
```

在这个子组件中有一个prop属性value，在按钮的click事件处理器中，调用$emit()方法触发update:value事件，并将加1后的计数值作为事件的附加参数。

在父组件中，使用v-on指令监听update:value事件，这样就可以接收到子组件传来的数据，然后使用v-bind指令绑定子组件的prop属性value，就可以给子组件传递父组件的数据，这样就实现了双向数据绑定。示例代码如下：

```
div id="app">
    父组件：商品的剩余数量：{{counter}}台
    <child v-bind:value="counter" v-on:update:value="counter=$event"></child>
</div>
```

```
<!--引入Vue文件-->
<script src="https://unpkg.com/vue@3/dist/vue.global.js"></script>
<script>
    //创建一个应用程序实例
    const vm= Vue.createApp({
        data(){
            return{
                counter:0
            }
        }
    });
    //在指定的DOM元素上装载应用程序实例的根组件
    vm.mount('#app');
</script>
```

其中$event是自定义事件的附加参数。运行上述程序，单击6次"增加"按钮，可以看到父组件和子组件中的购买数量是同步变化的，结果如图6-10所示。

图6-10　同步更新父组件和子组件的数据

为了方便起见，Vue.js为prop属性的"双向绑定"提供了一个缩写，即.sync修饰符，修改上面示例的<child>的代码：

```
<child v-bind:value.sync="counter"></child>
```

注意，带有.sync修饰符的v-bind不能和表达式一起使用，bind:title.sync="doc.title + '!'"是无效的。例如：

```
v-bind:value.sync="doc.title+'!!'"
```

上面的代码是无效的，取而代之的是，只能提供想要绑定的属性名，类似于v-model。
当用一个对象同时设置多个prop属性时，也可以将.sync修饰符和v-bind配合使用：

```
<child v-bind.sync="doc"></child >
```

这样会把doc对象中的每一个属性都作为一个独立的prop传进去，然后各自添加用于更新的v-on监听器。

提示　将v-bind.sync用在一个字面量的对象上，例如v-bind.sync="title:doc.title"，是无法正常工作的。

6.5　插槽

组件是当作自定义的HTML元素来使用的，其元素可以包括属性和内容，通过组件定义的prop来接收属性值，那么组件的内容怎么实现呢？可以使用插槽（slot元素）来解决。

6.5.1　插槽的基本用法

下面定义一个组件：

```
vm.component('page', {
    template:`<div><slot></slot></div>`
});
```

在page组件中，div元素内容定义了slot元素，可以把它理解为占位符。

在Vue.js实例中使用这个组件：

```
<div id="app">
    <page>如今直上银河去，同到牵牛织女家。</page>
</div>
```

page元素给出了内容，在渲染组件时，这个内容会置换组件内部的<slot>元素。

运行上述程序，渲染的结果如图6-11所示。

图 6-11　插槽的基本用法

如果page组件中没有slot元素，<page>元素中的内容将不会渲染到页面中。

6.5.2　编译作用域

当想通过插槽向组件传递动态数据时，例如：

```
<page>欢迎来到{{name}}的官网</page>
```

代码中，name属性是在父组件的作用域下解析的，而不是page组件的作用域。而在page组件中定义的属性，在父组件是访问不到的，这就是编译作用域。

作为一条规则记住：父组件模板中的所有内容都是在父级作用域下编译的，子组件模板中的所有内容都是在子作用域下编译的。

6.5.3　默认内容

有时为一个插槽设置默认内容是很有用的，它只会在没有提供内容的时候被渲染。例如在一个\<submit-button\>组件中：

```
<button type="submit">
    <slot></slot>
</button>
```

如果希望这个\<button\>内绝大多数情况下都渲染文本Submit，可以将Submit作为默认内容，将它放在\<slot\>标签内：

```
<button type="submit">
    <slot>Submit</slot>
</button>
```

现在在一个父组件中使用\<submit-button\>，并且不提供任何插槽内容：

```
<submit-button></submit-button>
```

默认内容Submit将会被渲染：

```
<button type="submit">
    Submit
</button>
```

但是如果提供内容：

```
<submit-button>
    提交
</submit-button>
```

则这个提供的内容将会替换掉默认值Submit，渲染如下：

```
<button type="submit">
    提交
</button>
```

【例6.10】　设置插槽的默认内容（源代码\ch06\6.10.html）。

```
<div id="app">
    <page>流年莫虚掷，华发不相容。</page>
</div>
<!--引入Vue文件-->
<script src="https://unpkg.com/vue@3/dist/vue.global.js"></script>
<script>
    //创建一个应用程序实例
    const vm= Vue.createApp({ });
    vm.component('page', {
        template:`<button type="submit">
                <slot>Submit</slot>
              </button>
```

```
    });
    //在指定的DOM元素上装载应用程序实例的根组件
    vm.mount('#app');
</script>
```

运行上述程序，渲染的结果如图6-12所示。

图 6-12　设置插槽的默认内容

6.5.4　命名插槽

在组件开发中，有时需要使用多个插槽。例如对于一个带有如下模板的<page-layout>组件：

```
<div class="container">
    <header>
        <!-- 我们希望把页头放这里 -->
    </header>
    <main>
        <!-- 我们希望把主要内容放这里 -->
    </main>
    <footer>
        <!-- 我们希望把页脚放这里 -->
    </footer>
</div>
```

对于这样的情况，<slot>元素的name属性可以用来命名插槽。因此，可以定义多个名字不同的插槽，例如下面的代码：

```
<div class="container">
    <header>
        <slot name="header"></slot>
    </header>
    <main>
        <slot></slot>
    </main>
    <footer>
        <slot name="footer"></slot>
    </footer>
</div>
```

一个不带name的\<slot\>元素，它有默认的名字default。

在向命名插槽提供内容的时候，可以在一个\<template\>元素上使用v-slot指令，并以v-slot的参数的形式提供其名称：

```
<page-layout>
    <template v-slot:header>
        <h1>这里有一个页面标题</h1>
    </template>
    <p>这里有一段主要内容</p>
    <p>和另一个主要内容</p>
    <template v-slot:footer>
        <p>这是一些联系方式</p>
    </template>
</page-layout>
```

现在\<template\>元素中的所有内容都会被传入相应的插槽。任何没有被包裹在带有v-slot的\<template\>中的内容都会被视为默认插槽的内容。

然而，如果希望更明确一些，仍然可以在一个\<template\>中包裹默认命名插槽的内容：

```
<page-layout>
    <template v-slot:header>
        <h1>这里有一个页面标题</h1>
    </template>
    <template v-slot:default>
        <p>这里有一段主要内容</p>
        <p>和另一段主要内容</p>
    </template>
    <template v-slot:footer>
        <<p>这是一些联系方式</p>
    </template>
</page-layout>
```

上面两种写法都会渲染出如下代码：

```
<div class="container">
    <header>
        <h3>这里有一个页面标题</h3>
    </header>
    <main>
        <p>这里有一段主要内容</p>
        <p>和另一段主要内容</p>
    </main>
    <footer>
        <p>这是一些联系方式</p>
    </footer>
</div>
```

【例6.11】　命名插槽（源代码\ch06\6.11.html）。

```
<div id="app">
    <page-layout>
        <template v-slot:header>
            <h2 align='center'>书河上亭壁</h2>
```

```
    </template>
    <template v-slot:main>
        <h3>岸阔樯稀波渺茫，独凭危槛思何长。</h3>
        <h3>萧萧远树疏林外，一半秋山带夕阳。</h3>
    </template>
    <template v-slot:footer>
        <p align='right'>经典古诗</p>
    </template>
</page-layout>
</div>
<!--引入Vue文件-->
<script src="https://unpkg.com/vue@3/dist/vue.global.js"></script>
<script>
    //创建一个应用程序实例
    const vm= Vue.createApp({ });
    vm.component('page-layout', {
        template:`
        <div class="container">
            <header>
                <slot name="header"></slot>
            </header>
            <main>
                <slot name="main"></slot>
            </main>
            <footer>
                <slot name="footer"></slot>
            </footer>
        </div>
        `
    });
    //在指定的DOM元素上装载应用程序实例的根组件
    vm.mount('#app');
</script>
```

运行上述程序，效果如图6-13所示。

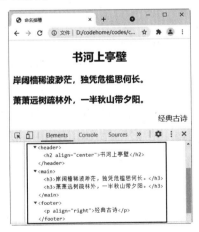

图 6-13　命名插槽

与v-on和v-bind一样，v-slot也有缩写，即把参数之前的所有内容（v-slot:）替换为字符#。例如下面的代码：

```
<page-layout>
    <template #header>
        <h1>这里有一个页面标题</h1>
    </template>
    <template #main>
        <p>这里有一段主要内容</p>
        <p>和另一段主要内容</p>
    </template>
    <template #footer>
        <<p>这是一些联系方式</p>
    </template>
</page-layout>
```

6.5.5　作用域插槽

在父级作用域下，在插槽的内容中是无法访问子组件的数据属性的，但有时候需要在父级的插槽内容中访问子组件的属性，我们可以在子组件的<slot>元素上使用v-bind指令绑定一个prop属性。例如下面的组件代码：

```
vm.component('page-layout', {
    data:function(){
        return{
            info:{
                name:'小明',
                age:18,
                sex:"男"
            }
        }
    },
    template:`
        <button>
            <slot v-bind:values="info">
                {{info.name}}
            </slot>
        </button>
    `
});
```

这个按钮可以显示info对象中的任意一个，为了让父组件可以访问info对象，在<slot>元素上使用v-bind指令绑定一个values属性，称为插槽prop，这个prop不需要在props选项中声明。

在父级作用域下使用该组件时，可以给v-slot指令一个值来定义组件提供的插槽prop的名字。代码如下：

```
<page-layout>
    <template v-slot:default="slotProps">
        {{slotProps.values.name}}
```

```
    </template>
</page-layout>
```

因为<page-layout>组件内的插槽是默认插槽，所以这里使用其默认的名字default，然后给出一个名字slotProps，这个名字可以随便取，代表的是包含组件内所有插槽prop的一个对象，然后就可以在父组件中利用这个对象访问子组件的插槽prop，prop是绑定到info数据属性上的，所以可以进一步访问info的内容。示例代码如下。

【例6.12】 访问插槽的内容（源代码\ch06\6.12.html）。

```
<div id="app">
    <page-layout>
        <template v-slot:default="slotProps">
            {{slotProps.values.city}}
        </template>
    </page-layout>
</div>
<!--引入Vue文件-->
<script src="https://unpkg.com/vue@3/dist/vue.global.js"></script>
<script>
    //创建一个应用程序实例
    const vm= Vue.createApp({ });
    vm.component('page-layout', {
        data:function(){
            return{
                info:{
                    name:'苹果',
                    price:8.86,
                    city:"深圳"
                }
            }
        },
        template:`
            <button>
                <slot v-bind:values="info">
                    {{info.city}}
                </slot>
            </button>
        `
    });
    //在指定的DOM元素上装载应用程序实例的根组件
    vm.mount('#app');
</script>
```

运行上述程序，效果如图6-14所示。

图 6-14　命名插槽

6.5.6 解构插槽prop

作用域插槽的内部工作原理是将插槽内容传入函数的单个参数中：

```
function (slotProps) {
    // 插槽内容
}
```

这意味着v-slot的值实际上可以是任何能够作为函数定义中的参数的JavaScript表达式。所以在支持的环境下（单文件组件或现代浏览器），也可以使用ES6解构来传入具体的插槽prop，示例代码如下：

```
<current-verse v-slot="{ verse }">
    {{ verse.firstContent }}
</current-user>
```

这样可以使模板更简洁，尤其是在该插槽提供了多个prop的时候。它同样开启了prop重命名等其他可能，例如将verse重命名为poetry：

```
<current-verse v-slot="{ verse: poetry }">
    {{ poetry.firstContent }}
</current-verse>
```

甚至可以定义默认的内容，用于插槽prop是undefined的情形：

```
<current-verse v-slot="{ verser = { firstContent: '古诗' } }">
    {{ verse.Content}}
</current-verser>
```

【例6.13】   解构插槽prop（源代码\ch06\6.13.html）。

```
<div id="app">
    <current-verse>
        <template v-slot="{verse:poetry}">
            {{poetry.firstContent }}
        </template>
    </current-verse>
</div>
<!--引入Vue文件-->
<script src="https://unpkg.com/vue@3/dist/vue.global.js"></script>
<script>
    //创建一个应用程序实例
    const vm= Vue.createApp({ });
    vm.component('currentVerse', {
        template: ' <span><slot :verse="verse">{{ verse.lastContent }}
</slot></span>',
        data:function(){
            return {
                verse: {
                    firstContent: '此心随去马，迢递过千峰。',
                    secondContent: '野渡波摇月，空城雨霁钟。'
```

```
                }
            }
        }
    });
    //在指定的DOM元素上装载应用程序实例的根组件
    vm.mount('#app');
</script>
```

运行上述程序，效果如图6-15所示。

图 6-15　解构插槽 prop

6.6　Vue.js 3.x 的新变化 1——组合 API

通过创建Vue.js组件，可以将接口的可重复部分及其功能提取到可重用的代码段中，从而提高应用程序的可维护性和灵活性。随着应用程序越来越复杂，拥有几百个组件的应用程序仅仅依靠组件很难满足共享和重用代码的需求。

用组件的选项（data、computed、methods、watch）组织逻辑，这在大多数情况下都有效。但是，当组件变得更大时，逻辑关注点的列表也会增长。这样会导致组件难以阅读和理解，尤其是对于那些一开始就没有编写这些组件的人来说。这种碎片化使得理解和维护复杂组件变得困难。选项的分离掩盖了潜在的逻辑问题。此外，在处理单个逻辑关注点时，用户必须不断地"跳转"相关代码的选项块。如何才能将同一个逻辑关注点相关的代码配置在一起？这正是组合API要解决的问题。

Vue.js 3.x中新增的组合API，为用户组织组件代码提供了更大的灵活性。现在，可以将代码编写成函数，每个函数处理一个特定的功能，而不再需要按选项组织代码了。组合API还使得在组件之间，甚至在外部组件之间提取和重用逻辑变得更加简单。

组合API可以和TypeScript更好地集成，因为组合API是一套基于函数的API。同时，组合API也可以和现有的基于选项的API一起使用。不过需要特别注意的是，组合API会在选项（data、computed和methods）之前解析，所以组合API是无法访问这些选项中定义的属性的。

6.7　setup()函数

setup()函数是一个新的组件选项，它是组件内部使用组合API的入口点。新的setup组件选项在创建组件之前执行，一旦props被解析，则充当合成API的入口点。对于组件的生命周期钩子，setup()函数在beforeCreate钩子之前调用。

setup()是一个接受props和context的函数，而且接受的props对象是响应式的，在组件外部传入新的prop值时，props对象会更新，可以调用相应的方法监听该对象并对修改做出响应。其用法如例6.14所示。

【例6.14】   setup()函数（源代码\ch06\6.14.html）。

```
<div id="app">
    <post-item :post-content="content"></post-item>
</div>
<!--引入Vue文件-->
<script src="https://unpkg.com/vue@3/dist/vue.global.js"></script>
<script>
    //创建一个应用程序实例
    const vm= Vue.createApp({
            data(){
                return {
                    content: '月浅灯深，梦里云归何处寻。'
                }
            }
    });
    vm.component('PostItem', {
            //声明props
            props: ['postContent'],
            setup(props){
                Vue.watchEffect(() => {
                    console.log(props.postContent);
                })
            },
            template: '<h3>{{ postContent }}</h3>'
    });
    //在指定的DOM元素上装载应用程序实例的根组件
    vm.mount('#app');
</script>
```

运行上述程序，效果如图6-16所示。

图 6-16   setup()函数

> 注意 由于在执行setup()函数时尚未创建组件实例，因此在setup()函数中没有this。这意味着除props外，用户将无法访问组件中声明的任何属性——本地状态、计算属性或方法。

6.8　响应式 API

Vue.js 3.x的核心功能是通过响应式API实现的，组合API将它们公开为独立的函数。

6.8.1　reactive()方法和watchEffect()方法

例如，下面的代码中给出了Vue.js 3.x中的响应式对象的例子：

```
setup(){
    const name = ref('test')
    const state = reactive({
        list: []
    })
    return {
        name,
        state
    }
}
```

Vue.js 3.x提供了一种创建响应式对象的方法reactive()，其内部就是利用Proxy API来实现的，特别是借助handler的set方法，可以实现双向数据绑定相关的逻辑，这相对于Vue 2.x中的Object.defineProperty()是很大的改变。

（1）Object.defineProperty()只能单一地监听已有属性的修改或者变化，无法检测到对象属性的新增或删除，而Proxy则可以轻松实现。

（2）Object.defineProperty()无法监听属性值是数组类型的变化，而Proxy则可以轻松实现。

例如，监听数组的变化：

```
let arr = [1]
let handler = {
    set:(obj,key,value)=>{
        console.log('set')
        return Reflect.set(obj, key, value);
    }
}

let p = new Proxy(arr,handler)
p.push(2)
```

watchEffect()方法函数类似于Vue 2.x中的watch选项，该方法接收一个函数作为参数，会立即运行该函数，同时响应式地跟踪其依赖项，并在依赖项发生修改时重新运行该函数。

【例6.15】　reactive()方法和watchEffect()方法（源代码\ch06\6.15.html）。

```
<div id="app">
    <post-item :post-content="content"></post-item>
```

```
    </div>
    <!--引入Vue文件-->
    <script src="https://unpkg.com/vue@3/dist/vue.global.js"></script>
    <script>
        const {reactive, watchEffect} = Vue;
        const state = reactive({
            count: 0
        });
        watchEffect(() => {
            document.body.innerHTML = `商品库存为：${state.count}台。`
        })
    </script>
```

运行上述程序，结果如图6-17所示。按F12键打开控制台并切换到Console选项卡，输入state.count=1000后按回车键，效果如图6-18所示。

图 6-17   初始状态   图 6-18   响应式对象的依赖跟踪

6.8.2   ref()方法

reactive()方法为一个JavaScript对象创建响应式代理。如果需要对一个原始值创建一个响应式代理对象，则可以通过ref()方法来实现，该方法接收一个原始值，返回一个可变的响应式对象。ref()方法的用法如下。

【例6.16】   ref()方法（源代码\ch06\6.16.html）。

```
<div id="app">
    <post-item :post-content="content"></post-item>
</div>
<!--引入Vue文件-->
<script src="https://unpkg.com/vue@3/dist/vue.global.js"></script>
<script>
    const {ref, watchEffect} = Vue;
    const state = ref(0)
    watchEffect(() => {
        document.body.innerHTML = `商品库存为：${state.value}台。`
    })
</script>
```

运行上述程序，按F12键打开控制台并切换到Console选项卡，输入state.value = 8888后按回车键，结果如图6-19所示。这里需要修改state.value的值，而不是直接修改state对象。

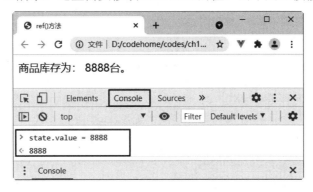

图 6-19　使用 ref()方法

6.8.3　readonly()方法

有时候仅仅需要跟踪相应对象，而不希望应用程序对该对象进行修改。此时可以通过readonly()方法为原始对象创建一个只读属性，从而防止该对象在注入的地方发生变化，这提供了程序的安全性。例如以下代码：

```
import {readonly} from 'vue'
export default {
    name: 'App',
    setup() {
      // readonly:用于创建一个只读的数据，并且是递归只读
      let state = readonly({name:'李梦', attr:{age:28, height: 1.88}});
      function myFn() {
        state.name = 'zhangxiaoming';
        state.attr.age = 36;
        state.attr.height = 1.66;
        console.log(state); //数据并没有变化
      }
      return {state, myFn};
    }
}
```

6.8.4　computed()方法

computed()方法主要用于创建依赖于其他状态的计算属性，该方法接收一个get函数，并返回一个不可变的响应式对象。computed()方法的用法如下。

【例6.17】　computed()方法（源代码\ch06\6.17.html）。

```
<div id="app">
    <p>原始字符串: {{ message }}</p>
    <p>反转字符串: {{ reversedMessage }}</p>
```

```
</div>
<script src="https://unpkg.com/vue@3/dist/vue.global.js"></script>
<script>
    const {ref, computed} = Vue;
        const vm = Vue.createApp({
            setup(){
              const message = ref('人世几回伤往事，山形依旧枕寒流');
              const reversedMessage = computed(() =>
                  message.value.split('').reverse().join('')
                );
                return {
                    message,
                    reversedMessage
                }
            }
    }).mount('#app');
</script>
```

运行上述程序，结果如图6-20所示。

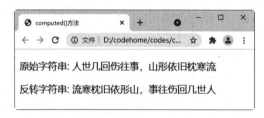

图 6-20   computed()方法

6.8.5   watch()方法

watch()方法需要监听特定的数据源，并在单独的回调函数中应用。当被监听的数据源发生变化时，才会调用回调函数。

例如下面的代码监听普通类型的对象：

```
let count = ref(1);
const changeCount = () => {
    count.value+=1
};
watch(count, (newValue, oldValue) => {  //直接监听
    console.log("count发生了变化！");
});
```

watch()方法还可以监听响应式对象：

```
let goods = reactive({
    name: "洗衣机",
    price: 6800,
});
const changeGoodsName = () => {
    goods.name = "电视机";
```

```
};
watch(()=>goods.name,()=>{//通过一个函数返回要监听的属性
    console.log('商品的名称发生了变化！')
})
```

对于Vue 2.x，watch可以监听多个数据源，并且执行不同的函数。同理，在Vue.js 3.x中也能实现相同的情景，通过多个watch来实现，但在Vue 2.x中只能存在一个watch。

例如，在Vue.js 3.x中监听多个数据源：

```
watch(count, () => {
console.log("count发生了变化！");
});
watch(
    () => goods.name,
    () => {
        console.log("商品的名称发生了变化！");
    }
);
```

对于Vue.js 3.x，监听器可以使用数组同时监听多个数据源。例如：

```
watch([() => goods.name, count], ([name, count], [preName, preCount]) => {
    console.log("count或goods.name发生了变化！");
});
```

6.9　Vue.js 3.x 的新变化 2——访问组件的方式

在Vue.js 2.x中，如果需要访问组件实例的属性，可以直接访问组件的实例，如图6-21所示。

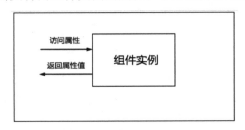

图 6-21　在 Vue.js 2.x 中访问组件属性的方式

在Vue.js 3.x中，访问组件实例会通过组件代理对象，而不是直接访问组件实例，如图6-22所示。

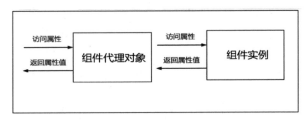

图 6-22　在 Vue.js 3.x 中访问组件属性的方式

6.10　案例实战——使用组件创建树状项目分类

本案例使用组件创建树状项目分类。其主要代码如例6.18所示。

【例6.18】　使用组件创建树状项目分类（源代码\ch06\6.18.html）。

```
<div id="app">
    <category-component :list="categories"></category-component>
</div>
<script src="https://unpkg.com/vue@3/dist/vue.global.js"></script>
<script>
    const CategoryComponent = {
        name: 'catComp',
        props: {
            list: {
                type: Array
            }
        },
        template: `
          <ul>
              <!-- 如果list为空，表示没有子分类了，结束递归 -->
              <template v-if="list">
                  <li v-for="cat in list">
                      {{cat.name}}
                      <catComp :list="cat.children"/>
                  </li>
              </template>
          </ul>
`
    }
    const app = Vue.createApp({
        data(){
            return {
                categories: [
                    {
                        name: '网站开发技术',
                        children: [
                            {
                                name: '前端开发技术',
                                children: [
                                    {name: 'HTML5开发技术'},
                                    {name: 'Javascript开发技术'},
                                    {name: 'Vue.js开发技术'}
                                ]
                            },
                            {
                                name: 'PHP后端开发技术'
                            }
```

```
                ]
            },
            {
                name: '网络安全技术',
                children: [
                    {name: 'Linux系统安全'},
                    {name: '代码审计安全'},
                    {name: '渗透测试安全'}
                ]
            }]
        }
    },
    components: {
        CategoryComponent
    }
}).mount('#app');
</script>
```

运行上述程序，结果如图6-23所示。

图 6-23　树状项目分类

第 **7** 章

虚拟DOM和render()函数

与其他的前端开发框架相比，Vue.js的优势是执行性能比较高，这里有一个很重要的原因就是Vue.js采用虚拟DOM机制。虽然大多数情况下，Vue.js推荐使用模板构建HTML，但是在某些场景下，可能需要JavaScript的编程能力，这时就需要使用render()函数，它比模板更接近编辑器。通过本章内容的学习，读者可以了解虚拟DOM和render()函数的使用方法。

7.1 虚拟 DOM

DOM即文档对象模型，它提供了对整个文档的访问模型，将文档作为一个树形结构，树的每个结点表示一个HTML标签或标签内的文本项。DOM树结构精确地描述了HTML文档中标签间的相互关联性。浏览器在解析HTML文档时，会将文档中的元素、注释、文本等标记按照它们的层级关系转换为DOM树。一个元素要想在页面中显示，则必须在DOM中存在该节点，也就是必须将该元素节点添加到现有DOM树中的某个节点下，才能渲染到页面中。同样地，如果需要删除某个元素，也需要从DOM树中删除该元素对应的节点。如果每次要改变页面展示的内容，只能通过遍历查询DOM树，然后修改DOM树，从而达到更新页面的目的，这个过程相当消耗资源。

为了解决这个问题，虚拟DOM概念随着React的诞生而诞生，其由Facebook提出，其卓越的性能很快得到广大开发者的认可。因为每次查询DOM几乎都需要遍历整个DOM树，如果建立一个与DOM树对应的虚拟DOM对象，也就是JavaScript对象，以对象嵌套的方式来表示DOM树及其层级结构，那么每次DOM的修改就变成了对JavaScript对象的属性的操作，由于操作JavaScript对象比操作DOM要快得多，从而可以大幅度减少性能的开支。

Vue从2.0开始也在其核心引入了虚拟DOM的概念，Vue.js 3.x重写了虚拟DOM的实现，从而让性能更加优秀。Vue在更新真实的DOM树之前，先比较更新前后虚拟DOM结构中有差异的部分，然后采用异步更新队列的方式将差异部分更新到真实DOM中，从而减少了最终要在真实DOM上执行的操作次数，提高了页面的渲染效率。

7.2 render()函数

大多数情况下，Vue通过template来创建HTML。但是在特殊情况下，可能需要JavaScript的编程能力，这时可以使用render()函数，它比模板更接近编译器。

下面通过一个简单的例子了解render()函数的优势。假设需要生成一些带锚点的标题，基础代码如下：

```
<h1>
  <a name="hello-world" href="#hello-world">
      Hello world!
  </a>
</h1>
```

由于锚点标题的使用非常频繁，考虑到标题的级别包括h1~h6，可以将标题的级别定义成组件的prop，在调用组件时，可以通过该prop动态设置标题元素的级别。代码如下：

```
<anchored-heading :level="1">Hello world!</anchored-heading>
```

接下来就是组件的实现代码：

```
const app = createApp({})
app.component('anchored-heading', {
  template: `
    <h1 v-if="level === 1">
      <slot></slot>
    </h1>
    <h2 v-else-if="level === 2">
      <slot></slot>
    </h2>
    <h3 v-else-if="level === 3">
      <slot></slot>
    </h3>
    <h4 v-else-if="level === 4">
      <slot></slot>
    </h4>
    <h5 v-else-if="level === 5">
      <slot></slot>
    </h5>
    <h6 v-else-if="level === 6">
      <slot></slot>
    </h6>
  `,
  props: {
    level: {
      type: Number,
      required: true
    }
  }
})
```

上述通过模板的方式实现起来不仅冗长，而且为每个级别的标题都重复书写了<slot></slot>。当添加锚元素时，还必须在每个 v-if/v-else-if 分支中再次复制<slot>元素。

下面通过render()函数重写上述的例子。

【例7.1】 通过render()函数渲染动态标题组件（源代码\ch07\7.1.html）。

```html
<div id="app">
    <anchored-heading :level="2">
        <a name="hello-world" href="#hello-world">
            相顾无相识，长歌怀采薇。
        </a>
    </anchored-heading>
</div>
<script src="https://unpkg.com/vue@3/dist/vue.global.js"></script>
<script>
    const app = Vue.createApp({})
    app.component('anchored-heading', {
        render() {
            const { h } = Vue
            return h(
              'h' + this.level,         // 标签名
              {},                        // prop 或 attribute
              this.$slots.default()      // 包含其子节点的数组
            )
        },
         props: {
            level: {
                type: Number,
                required: true
            }
    })
    app.mount('#app')
</script>
```

可见使用render()函数的实现要精简得多。需要注意的是，向组件中传递不带v-slot指令的子节点时，比如anchored-heading中的"Hello world!"，这些子节点被存储在组件实例的$slots.default中。在谷歌浏览器中运行程序，渲染效果如图7-1所示。

图 7-1　动态标题组件的渲染效果

下面继续分析上述示例中的render()函数，代码如下：

```
render() {
    const { h } = Vue
        return h(
            'h' + this.level,              // 标签名
            {},                            // prop 或 attribute
            this.$slots.default()          // 包含其子节点的数组
        )
}
```

这里最重要的就是h()函数，h()函数到底会返回什么呢？其实h()函数返回的不是一个实际的DOM元素，而是一个JavaScript对象，其中所包含的信息会告诉Vue，需要在页面上渲染什么样的节点，包括其子节点的描述信息，也就是虚拟节点（Virtual Node），简称VNode。

可见，h()函数的主要作用就是创建一个VNode，可以更准确地将其命名为createVNode()，但由于频繁使用和简洁起见，它被命名为h()。h()函数接受3个参数，代码如下：

```
// @returns {VNode}
h(
    // 第一个参数，必需的
// {String | Object | Function} tag
  // 一个 HTML 标签名、一个组件、一个异步组件或一个函数式组件
    'div',
    // 第二个参数，可选的
    // {Object} props
    // 与 attribute、prop和事件相对应的对象。这会在模板中用到
    {},
    // 第三个参数，可选的
    // {String | Array | Object} children
    // 子虚拟节点，使用h()函数构建，或使用字符串获取"文本VNode"或者有插槽的对象
    [
      '先写一些文本',
      h('h1', '一级标题'),
      h(MyComponent, {
        someProp: 'foobar'
      })
    ]
)
```

从上述代码可知，h()函数的第一个参数是必需的，主要用于提供DOM的HTML内容，类型可以是字符串、对象或函数；第二个参数是可选的，用于设置这个DOM的一些样式、属性、传的组件的参数、绑定事件之类；第三个参数是可选的，表示子节点的信息，以数组形式给出，如果该元素只有文本子节点，则直接以字符串形式给出，如果还有子元素，则继续调用h()函数。

7.3 创建组件的 VNode

在创建组件的VNode之前，首先需要知道组件树中的所有VNode必须是唯一的。这意味着下面的渲染函数是不合法的：

```
render() {
  const myParagraphVNode = h('p', 'hi')
  return h('div', [
    // 错误 - 重复的 VNode
    myParagraphVNode, myParagraphVNode
  ])
}
```

如果真的需要重复很多次的元素/组件，建议使用工厂函数来实现。例如，下面这个渲染函数使用完全合法的方式渲染20个相同的段落，代码如下：

```
render() {
  return h('div',
    Array.from({ length: 20 }).map(() => {
      return h('p', 'hi')
    })
  )
}
```

要为某个组件创建一个VNode，传递给h()函数的第一个参数应该是组件本身。代码如下：

```
render() {
  return h(ButtonCounter)
}
```

如果需要通过名称来解析一个组件，那么可以调用resolveComponent，它是模板内部用来解析组件名称的同一个函数：

```
const { h, resolveComponent } = Vue
// ...
render() {
    const ButtonCounter = resolveComponent('ButtonCounter')
    return h(ButtonCounter)
}
```

render()函数通常只需要对全局注册的组件使用resolveComponent。而对于局部注册的组件却可以跳过，请看下面的例子：

```
// 此写法可以简化
components: {
  ButtonCounter
},
render() {
```

```
return h(resolveComponent('ButtonCounter'))
}
```

这里可以直接使用它，而不是通过名称注册一个组件，然后查找：

```
render() {
  return h(ButtonCounter)
}
```

7.4　使用 JavaScript 代替模板功能

在使用Vue模板的时候，可以在模板中灵活使用v-if、v-for、v-model和\<slot\>之类的元素。但在render()函数中没有提供专用的API。如果在render中使用，则需要使用原生的JavaScript来实现。

7.4.1　v-if和v-for

v-if和v-for在render()函数中可以使用if/else和map来实现template中的v-if和v-for。
使用render()函数的代码如下：

```
<ul v-if="items.length">
  <li v-for="item in items">{{ item }}</li>
</ul>
<p v-else>苹果</p>
```

换成render()函数，代码如下：

```
Vue.component('item-list',{
  props: ['items'],
  render: function (createElement) {
    if (this.items.length) {
      return createElement('ul', this.items.map((item) => { return
createElement('item') }))
    } else {
      return createElement('p', 'No items found.')
    }
  }
})
<div id="app">
  <item-list :items="items"></item-list>
</div>
let app = new Vue({ el: '#app', data () {
    return { items: ['花朵', 'W3cplus', 'blog'] }
  }
})
```

render()函数中也没有与v-model相应的API，如果要实现v-model类似的功能，同样需要使用原生JavaScript来实现。代码如下：

```
<div id="app">
    <el-input :name="name" @input="val => name = val"></el-input>
</div>
Vue.component('el-input', {
  render: function (createElement) {
    var self = this return createElement('input', {
      domProps: { value: self.name },
      on: { input: function (event) {
        self.$emit('input', event.target.value)
      }
      }
    })
    },
props: { name: String }
})
let app = new Vue({
  el: '#app',
  data () {
    return { name: '花朵' }
  }
})
```

深入底层需要自己写原生代码，比较麻烦一点，但是对于v-model来说，可以更灵活地进行控制。

7.4.2　v-on

我们必须为事件处理程序提供一个正确的prop名称。例如，要处理click事件，prop名称应该是onClick。相关代码如下：

```
render() {
return h('div', {
    onClick: $event => console.log('clicked', $event.target)
})
}
```

7.4.3　事件和按键修饰符

对于.passive、.capture和.once事件修饰符，可以使用驼峰写法将它们拼接在事件名后面，相关的代码如下：

```
render() {
return h('input', {
    onClickCapture: this.doThisInCapturingMode,
    onKeyupOnce: this.doThisOnce,
    onMouseoverOnceCapture: this.doThisOnceInCapturingMode
})
}
```

对于所有其他的修饰符，私有前缀都不是必需的，因为可以在事件处理函数中使用事件方法实现相同的功能，如表7-1所示。

表 7-1　与修饰符等价的处理方法

修　饰　符	处理函数中的等价操作
.stop	event.stopPropagation()
.prevent	event.preventDefault()
.self	if (event.target !== event.currentTarget) return
按键：.enter、.13	if (event.keyCode !== 13) return（对于别的按键修饰符来说，可将 13 改为另一个按键码）
修饰键：.ctrl、.alt、.shift、.meta	if (!event.ctrlKey) return（将 ctrlKey 分别修改为 altKey、shiftKey 或 metaKey）

下面是一个使用所有修饰符的例子：

```
render() {
return h('input', {
   onKeyUp: event => {
      // 如果触发事件的元素不是事件绑定的元素
      // 则返回
      if (event.target !== event.currentTarget) return
      // 如果向上键不是回车键，则终止
      // 没有同时按下按键 (13) 和 Shift 键
      if (!event.shiftKey || event.keyCode !== 13) return
      // 停止事件传播
      event.stopPropagation()
      // 阻止该元素默认的 keyup 事件
      event.preventDefault()
      // ...
   }
})
}
```

7.4.4　插槽

通过this.$slots访问静态插槽的内容，每个插槽都是一个VNode数组，相关的代码如下：

```
render() {
 // `<div><slot></slot></div>`
 return h('div', {}, this.$slots.default())
}
//访问作用域插槽
props: ['message'],
render() {
// `<div><slot :text="message"></slot></div>`
return h('div', {}, this.$slots.default({
   text: this.message
}))
}
```

如果要使用渲染函数将插槽传递给子组件，请执行以下操作：

```
const { h, resolveComponent } = Vue
render() {
  // `<div><child v-slot="props"><span>{{ props.text }}</span></child></div>`
  return h('div', [
    h(
      resolveComponent('child'),
      {},
      // 将'slots'以 { name: props => VNode | Array<VNode> } 的形式传递给子对象
      {
        default: (props) => Vue.h('span', props.text)
      }
    )
  ])
}
```

插槽以函数的形式传递，允许子组件控制每个插槽内容的创建。任何响应式数据都应该在插槽函数内访问，以确保它被注册为子组件的依赖关系，而不是父组件。相反，对 resolveComponent 的调用应该在插槽函数外进行，否则它们会相对于错误的组件进行解析。相关的代码如下：

```
// `<MyButton><MyIcon :name="icon" />{{ text }}</MyButton>`
render() {
  // 应该在插槽函数外面调用 resolveComponent
  const Button = resolveComponent('MyButton')
  const Icon = resolveComponent('MyIcon')
  return h(
    Button,
    null,
    { // 使用箭头函数保存 `this` 的值
      default: (props) => {
        // 响应式 property 应该在插槽函数内部读取
        // 这样它们就会成为 children 渲染的依赖
        return [
          h(Icon, { name: this.icon }),
          this.text
        ]
      }
    }
  )
}
```

如果一个组件从它的父组件中接收到插槽，它们可以直接传递给子组件。相关的代码如下：

```
render() {
  return h(Panel, null, this.$slots)
}
```

也可以根据情况单独传递或包裹住。相关的代码如下：

```
render() {
  return h(
```

```
    Panel,
    null,
    {
      // 如果我们想传递一个槽函数，方式如下
      header: this.$slots.header,
      //如果需要以某种方式对插槽进行操作
      // 那么需要用一个新的函数来包裹它
      default: (props) => {
        const children = this.$slots.default ? this.$slots.default(props) : []
        return children.concat(h('div', 'Extra child'))
      }
    }
  )
}
```

7.5　函数式组件

函数式组件是自身没有任何状态的组件的另一种形式。它们在渲染过程中不会创建组件实例，并跳过常规的组件生命周期。使用一个简单函数，而不是一个选项对象来创建函数式组件。该函数实际上就是该组件的render()函数。因为函数式组件中没有this引用，所以Vue会把props当作第一个参数传入：

```
const FunctionalComponent = (props, context) => {
  // ...
}
```

上面的参数context包含三个property：attrs、emit和slots。它们分别相当于实例的 $attrs、$emit和$slots。

大多数常规组件的配置选项在函数式组件中都不可用。但是，我们可以把props和emits作为property加入，以达到定义它们的目的：

```
FunctionalComponent.props = ['value']
FunctionalComponent.emits = ['click']
```

如果这个props选项没有被定义，那么被传入函数的props对象就会像attrs一样，会包含所有attribute。除非指定了props选项，否则每个prop的名字将不会基于驼峰命名法被一般化处理。

7.6　JSX

JSX（JavaScript XML）是一种JavaScript的语法扩展，用于描述应用界面。其格式比较像模板语言，但事实上完全是JavaScript内部实现的。

如果在开发过程中经常使用template，忽然运用render()函数来写，会感觉不适应。特别是一些简单的模板，在render()函数中编写也很复杂，而且模板的DOM结构面目全非，可读性很差。例如以下DOM结构的代码：

```
<anchored-heading :level="1">
<span>Hello</span> world!
</anchored-heading>
```

如果不使用JSX语法，则使用render()函数的实现代码如下：

```
h(
  'anchored-heading',
  {
    level: 1
  },
  {
    default: () => [h('span', 'Hello'), ' world!']
  }
)
```

如果使用JSX语法，则使用render()函数的实现代码如下：

```
import AnchoredHeading from './AnchoredHeading.vue'
const app = createApp({
  render() {
    return (
      <AnchoredHeading level={1}>
        <span>Hello</span> world!
      </AnchoredHeading>
    )
  }
})
app.mount('#demo')
```

可见使用JSX语法后，代码更接近模板的语法，而且可以优化传递参数的过程。

7.7　案例实战——设计商品采购信息列表

下面的示例将使用render()函数设计一个商品采购信息列表。

【例7.2】　设计商品采购信息列表（源代码\ch07\7.2.html）。

```
<div id="app">
  <post-list></post-list>
</div>
<script src="https://unpkg.com/vue@3/dist/vue.global.js"></script>
<script>
    const app = Vue.createApp({})
    // 父组件
    app.component('PostList', {
        data() {
            return {
                posts: [
```

```
                    {id: 1001, title: '洗衣机', author: '海尔', date: '2022-10-21',
vote: 1000},
                    {id: 1002, title: '冰箱', author: '美的', date: '2022-10-10',
vote: 1000},
                    {id: 1003, title: '电视机', author: '创维', date: '2022-11-11',
vote:1000},
                    {id: 1004, title: '电脑', author: '戴尔', date: '2022-11-11 ',
vote:1000},
                ]
            }
        },
        methods: {
            // 自定义事件vote的事件处理器方法
            handleVote(id){
                this.posts.map(item => {
                    item.id === id ? {...item, voite: ++item.vote} : item;
                })
            }
        },
        render(){
            let postNodes = [];
            // this.posts.map取代v-for指令，循环遍历posts
            // 构造子组件的虚拟节点
            this.posts.map(post => {
              let node = Vue.h(Vue.resolveComponent('PostListItem'), {
                  post: post,
                  onVote: () => this.handleVote(post.id)
                });
              postNodes.push(node);
            })
            return Vue.h('div', [
                Vue.h('ul', [
                    postNodes
                ]
                )
            ]
            );
        },
    });
    // 子组件
app.component('PostListItem', {
  props: {
    post: {
        type: Object,
        required: true
    }
  },
  render(){
    return Vue.h('li', [
        Vue.h('p', [
            Vue.h('span',
```

```
                    // 这是<span>元素的内容
                    '编号: '+ this.post.id +'| 商品名称: '+ this.post.title + ' | 品牌:
' + this.post.author  + ' |采购时间: ' + this.post.date+ ' | 采购数量: ' + this.post.vote
                    ),
                    Vue.h('button', {
                      onClick: () => this.$emit('vote')
                    },'增加采购数量')
                ]
              )
            ]
          );
        }
        });
        app.mount('#app')
</script>
```

在谷歌浏览器中运行程序，效果如图7-2所示。

图 7-2　商品采购信息列表效果

第 **8** 章

玩转动画效果

Vue.js在插入、更新或者移除DOM时，提供多种不同方式的应用过渡效果，包括以下工具：

（1）在CSS过渡和动画中自动应用class。

（2）可以配合使用第三方CSS动画库，如Animate.css。

（3）在过渡钩子函数中使用JavaScript直接操作DOM。

（4）可以配合使用第三方JavaScript动画库，如Velocity.js。

为什么网页需要添加过渡和动画效果？因为过渡和动画效果能够提高用户的体验，帮助用户更好地理解页面中的功能。本章将重点学习如何设计过渡和动画效果。

8.1　单元素/组件的过渡

Vue.js提供了transition的封装组件，在下列情形中，可以给任何元素和组件添加进入/离开过渡：

（1）条件渲染（使用v-if）。

（2）条件展示（使用v-show）。

（3）动态组件。

（4）组件根节点。

8.1.1　CSS过渡

常用的过渡都是CSS过渡。下面是一个没有使用过渡效果的示例，通过一个按钮控制p元素显示和隐藏。

【例8.1】　控制p元素显示和隐藏（源代码\ch08\8.1.html）。

```
<div id="app">
    <button v-on:click="show = !show">
        上京即事五首·其一
    </button>
    <p v-if="!show">大野连山沙作堆，白沙平处见楼台。</p>
    <p v-if="!show">行人禁地避芳草，尽向曲阑斜路来。</p>
</div>
<!--引入Vue文件-->
<script src="https://unpkg.com/vue@3/dist/vue.global.js"></script>
<script>
    //创建一个应用程序实例
    const vm= Vue.createApp({
        //该函数返回数据对象
        data(){
          return{
              show:true
          }
        }
    //在指定的DOM元素上装载应用程序实例的根组件
    }).mount('#app');
</script>
```

在Chrome浏览器中运行程序，单击按钮后的效果如图8-1所示。

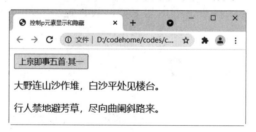

图 8-1　没有过渡效果

当单击按钮时，会发现p标签出现或者消失，但没有过渡效果，用户体验不太好。可以使用Vue.js的transition组件来实现消失或者隐藏的过渡效果。使用Vue.js过渡的时候，首先把过渡的元素添加到transition组件中。其中.v-enter、.v-leave-to、.v-enter-active和.v-leave-active样式用于定义动画的过渡样式。

【例8.2】　添加CSS过渡效果（源代码\ch08\8.2.html）。

```
<style>
    /*v-enter-active入场动画的时间段*/
    /*v-leave-active离场动画的时间段*/
    .v-enter-active, .v-leave-active{
        transition: all .5s ease;
    }
    /*v-enter:是一个时间点，进入之前，元素的起始状态，此时还没有进入*/
```

```
    /*v-leave-to：是一个时间点，是动画离开之后，离开的终止状态，此时元素动画已经结束*/
    .v-enter, .v-leave-to{
        opacity: 0.2;
        transform:translateY(200px);
    }
</style>
<div id="app">
    <button v-on:click="show = !show">
        古诗欣赏
    </button>
    <transition>
        <p v-if="!show">鸿雁长飞光不度，鱼龙潜跃水成文。</p>
    </transition>
</div>
<!--引入Vue文件-->
<script src="https://unpkg.com/vue@3/dist/vue.global.js"></script>
<script>
    const vm= Vue.createApp({
        //该函数返回数据对象
        data(){
          return{
            show:true
          }
        }
        //在指定的DOM元素上装载应用程序实例的根组件
    }).mount('#app');
</script>
```

　　在Chrome浏览器中运行程序，单击“古诗欣赏”按钮，可以发现，p元素刚开始在下侧200px
的位置开始，透明度为0.2，如图8-2所示；然后过渡到初始的位置，如图8-3所示。

图 8-2　过渡效果

图 8-3　显示内容

8.1.2　过渡的类名

　　在进入/离开的过渡中，会有6个class切换。

　　（1）v-enter：定义进入过渡的开始状态。在元素被插入之前生效，在元素被插入之后的
下一帧移除。

（2）v-enter-to：定义进入过渡的结束状态。在元素被插入之后下一帧生效（与此同时v-enter被移除），在过渡/动画完成之后移除。

（3）v-enter-active：定义进入过渡生效时的状态。在整个进入过渡的阶段中应用，在元素被插入之前生效，在过渡/动画效果完成之后移除。这个类可以被用来定义进入过渡的过程时间、延迟和曲线函数。

（4）v-leave：定义离开过渡的开始状态。在离开过渡被触发时立刻生效，下一帧被移除。

（5）v-leave-to：定义离开过渡的结束状态。在离开过渡被触发之后下一帧生效（与此同时v-leave被删除），在过渡/动画效果完成之后移除。

（6）v-leave-active：定义离开过渡生效时的状态。在整个离开过渡的阶段中应用，在离开过渡被触发时立刻生效，在过渡/动画效果完成之后移除。这个类可以被用来定义离开过渡的过程时间、延迟和曲线函数。

一个过渡效果包括两个阶段，一个是进入动画（Enter），另一个是离开动画（Leave）。

进入动画包括v-enter和v-enter-to两个时间点和v-enter-active一个时间段。离开动画包括v-leave和v-leave-to两个时间点和v-leave-active一个时间段，具体如图8-4所示。

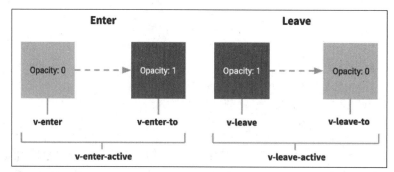

图 8-4　过渡动画的时间点

定义过渡时，首先使用transition元素把需要被过渡控制的元素包裹起来，然后自定义两组样式来控制transition内部的元素实现过渡。对于这些在过渡中切换的类名来说，如果使用一个没有名字的<transition>，则v-是这些类名的默认前缀。8.1.1节示例中定义的样式，在所有动画中公用，transition有一个name属性，可以通过它来修改过渡样式的名称。如果使用了<transition name="my-transition">，那么v-enter会替换为my-transition-enter。这样做的好处就是区分每个不同的过渡和动画。

下面通过一个按钮来触发两个过渡效果，一个从右侧150px的位置开始，另一个从下面200px的位置开始。

【例8.3】　多个过渡效果（源代码\ch08\8.3.html）。

```
<style>
    .v-enter-active, .v-leave-active {
        transition: all 0.5s ease;
    }
    .v-enter, .v-leave-to{
        opacity: 0.2;
```

```
        transform:translateX(150px);
    }
    .my-transition-enter-active, .my-transition-leave-active {
        transition: all 0.8s ease;
    }
    .my-transition-enter, .my-transition-leave-to{
        opacity: 0.2;
        transform:translateY(200px);
    }
    </style>
<div id="app">
    <button v-on:click="show = !show">
        出郊
    </button>
    <transition>
        <p v-if="!show">高田如楼梯，平田如棋局。</p>
    </transition>
    <transition name="my-transition">
        <p v-if="!show">白鹭忽飞来，点破秧针绿。</p>
</transition>
</div>
<script src="https://unpkg.com/vue@3/dist/vue.global.js"></script>
<script>
    const vm= Vue.createApp({
        //该函数返回数据对象
        data(){
          return{
            show:true
          }
        }
    //在指定的DOM元素上装载应用程序实例的根组件
    }).mount('#app');
</script>
```

　　在Chrome浏览器中运行程序，单击“出郊”按钮，触发两个过渡效果，如图8-5所示；最终状态如图8-6所示。

图 8-5　多个过渡效果图

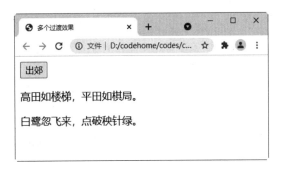

图 8-6　最终状态

8.1.3 CSS动画

CSS动画的用法与CSS过渡差不多，区别是在动画中v-enter类名在节点插入DOM后不会立即删除，而是在animationend事件触发时删除。CSS动画的用法如例8.4所示。

【例8.4】 CSS动画（源代码\ch08\8.4.html）。

```html
<style>
    /*进入动画阶段*/
    .my-enter-active {
        animation: my-in .5s;
    }
    /*离开动画阶段*/
    .my-leave-active {
        animation: my-in .5s reverse;
    }
    /*定义动画my-in*/
    @keyframes my-in {
        0% {
            transform: scale(0);
        }
        50% {
            transform: scale(1.5);
        }
        100% {
            transform: scale(1);
        }
    }
</style>
<div id="app">
    <button @click="show = !show">对雪</button>
    <transition name="my">
        <p v-if="show">六出飞花入户时，坐看青竹变琼枝。如今好上高楼望，盖尽人间恶路岐。</p>
    </transition>
</div>
<!--引入Vue文件-->
<script src="https://unpkg.com/vue@3/dist/vue.global.js"></script>
<script>
    //创建一个应用程序实例
    const vm= Vue.createApp({
        //该函数返回数据对象
        data(){
          return{
            show:true
          }
        }
    //在指定的DOM元素上装载应用程序实例的根组件
    }).mount('#app');
</script>
```

在Chrome浏览器中运行程序，单击"对雪"按钮时，触发CSS动画，效果如图8-7所示。

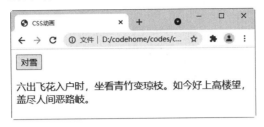

图 8-7　CSS 动画效果

8.1.4　自定义过渡的类名

可以通过以下attribute来自定义过渡的类名：

- enter-class
- enter-active-class
- enter-to-class
- leave-class
- leave-active-class
- leave-to-class

它们的优先级高于普通的类名，这对于Vue.js的过渡系统和其他第三方CSS动画库（如Animate.css）结合使用十分有用。

下面的示例在transition组件中使用enter-active-class和leave-active-class类，结合animate.css动画库实现动画效果。

【例8.5】　自定义过渡的类名（源代码\ch08\8.5.html）。

```
<link href="https://cdn.jsdelivr.net/npm/animate.css@3.5.1" rel="stylesheet"
type="text/css">
<div id="app">
    <button @click="show = !show">
        早春
    </button>
<!--    enter-active-class:控制动画的进入-->
<!--    leave-active-class:控制动画的离开-->
<!--animated 类似于全局变量，它定义了动画的持续时间；-->
<!--bounceInUp和slideInRight是具体的动画效果的名称，可以选择任意的效果-->
    <transition
            enter-active-class="animated bounceInUp"
            leave-active-class="animated slideInRight"
    >
        <p v-if="show">春销不得处，唯有鬓边霜。</p>
    </transition>
</div>
<!--引入Vue文件-->
```

```
<script src="https://unpkg.com/vue@3/dist/vue.global.js"></script>
<script>
    //创建一个应用程序实例
    const vm= Vue.createApp({
        //该函数返回数据对象
        data(){
          return{
            show:true
          }
        }
        //在指定的DOM元素上装载应用程序实例的根组件
    }).mount('#app');
</script>
```

在浏览器中运行，单击"早春"按钮，触发进入动画，效果如图8-8所示；再次单击"早春"按钮时触发离开动画，效果如图8-9所示。

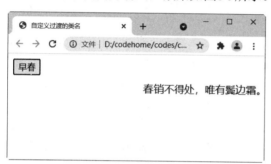

图 8-8　进入动画效果

图 8-9　离开动画效果

8.1.5　动画的JavaScript钩子函数

可以在<transition>组件中声明JavaScript钩子，它们以属性的形式存在。例如下面的代码：

```
<transition
        进入动画钩子函数
:before-enter表示动画入场之前，此时动画还未开始，可以在其中设置元素开始动画之前的起始样式
        v-on:before-enter="beforeEnter"
:enter表示动画开始之后的样式，可以设置完成动画的结束状态
        v-on:enter="enter"
:after-enter表示动画完成之后的状态
        v-on:after-enter="afterEnter"
:enter-cancelled用于取消开始的动画
        v-on:enter-cancelled="enterCancelled"
        离开动画钩子函数，离开动画和进入动画钩子函数说明类似
        v-on:before-leave="beforeLeave"
        v-on:leave="leave"
        v-on:after-leave="afterLeave"
        v-on:leave-cancelled="leaveCancelled"
    >
```

```
    <!-- ... -->
</transition>
```

然后在Vue.js实例的methods选项中定义钩子函数的方法：

```
<script>
    //创建一个应用程序实例
    const vm= Vue.createApp({
        //该函数返回数据对象
        data(){
          return{
             show:true
            }
        },
        methods: {
            // 进入中
            beforeEnter: function (el) {
                // ...
            },
            // 当与 CSS 结合使用时
            // 回调函数 done 是可选的
            enter: function (el, done) {
                // ...
                done()
            },
            afterEnter: function (el) {
                // ...
            },
            enterCancelled: function (el) {
                // ...
            },
            // 离开时
            beforeLeave: function (el) {
                // ...
            },
            // 当与 CSS 结合使用时
            // 回调函数 done 是可选的
            leave: function (el, done) {
                // ...
                done()
            },
            afterLeave: function (el) {
                // ...
            },
            // leaveCancelled 只用于 v-show 中
            leaveCancelled: function (el) {
                // ...
            }
        //在指定的DOM元素上装载应用程序实例的根组件
    }).mount('#app');
</script>
```

这些钩子函数可以结合CSS transitions/animations使用，也可以单独使用。

> **提示** 当只用JavaScript过渡的时候，在enter和leave中必须使用done进行回调。否则，它们将被同步调用，过渡会立即完成。对于仅使用JavaScript过渡的元素，推荐添加v-bind:css="false"，Vue.js会跳过CSS的检测。这也可以避免过渡过程中CSS的影响。

下面使用velocity.js动画库结合动画钩子函数来实现一个简单示例。

【例8.6】 JavaScript钩子函数（源代码\ch08\8.6.html）。

```html
<!--Velocity和jQuery.animate的工作方式类似，也是用来实现JavaScript动画的一个很棒的选择-->
<script src="velocity.js"></script>
<div id="app">
    <button @click="show = !show">
        雪晴晚望
    </button>
    <transition
            v-on:before-enter="beforeEnter"
            v-on:enter="enter"
            v-on:leave="leave"
            v-bind:css="false"
    >
        <p v-if="show">
            野火烧冈草，断烟生石松。
        </p>
    </transition>
</div>
<!--引入Vue文件-->
<script src="https://unpkg.com/vue@3/dist/vue.global.js"></script>
<script>
    //创建一个应用程序实例
    const vm= Vue.createApp({
        //该函数返回数据对象
        data(){
          return{
            show:false
          }
        },
        methods: {
            // 进入动画之前的样式
            beforeEnter: function (el) {
            // 注意：动画钩子函数的第一个参数：el，表示
            // 要执行动画的那个DOM元素，是个原生的JS DOM对象
            // 可以认为，el是通过document.getElementById('')方式获取到的原生JS DOM对象
                el.style.opacity = 0;
                el.style.transformOrigin = 'left';
            },
            // 进入时的动画
            enter: function (el, done) {
                Velocity(el, { opacity: 1, fontSize: '2em' }, { duration: 300 });
```

```
                Velocity(el, { fontSize: '1em' }, { complete: done });
            },
            //离开时的动画
            leave: function (el, done) {
                Velocity(el, { translateX: '15px', rotateZ: '50deg' }, { duration:
600 });
                Velocity(el, { rotateZ: '100deg' }, { loop: 5 });
                Velocity(el, {
                    rotateZ: '45deg',
                    translateY: '30px',
                    translateX: '30px',
                    opacity: 0
                }, { complete: done })
            }
        }
        //在指定的DOM元素上装载应用程序实例的根组件
    }).mount('#app');
</script>
```

在Chrome浏览器中运行程序，单击“雪晴晚望”按钮，进入动画，效果如图8-10所示；再次单击“雪晴晚望”按钮，离开动画，效果如图8-11所示。

图 8-10　进入动画效果

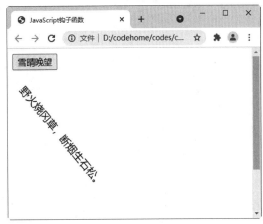

图 8-11　离开动画效果

可以配置Velocity动画的选项如下：

```
duration:400,                    //动画执行时间
easing: "swing",                 //缓动效果
queue: "",                       //队列
begin:undefined,                 //动画开始时的回调函数
progress: undefined,             //动画执行中的回调函数（该函数会随着动画执行被不断触发）
complete: undefined,             //动画结束时的回调函数
display: undefined,              //动画结束时设置元素的css display属性
visibility: undefined,           //动画结束时设置元素的css visibility属性
loop: false,                     //循环次数
delay: false,                    //延迟
mobileHA: true                   //移动端硬件加速（默认开启）
```

8.2　初始渲染的过渡

Vue.js可以通过appear属性设置节点在初始渲染的过渡效果：

```
<transition appear>
    <!-- ... -->
</transition>
```

这里默认和进入/离开过渡效果一样，同样也可以自定义CSS类名。

```
<transition
    appear
    appear-class="custom-appear-class"
    appear-to-class="custom-appear-to-class"
    appear-active-class="custom-appear-active-class"
>
<!-- ... -->
</transition>
```

【例8.7】　appear属性（源代码\ch08\8.7.html）。

```
<style>
    .custom-appear{
        font-size: 50px;
        color: #c65ee2;
        background: #3d9de2;
    }
    .custom-appear-to{
        color: #e26346;
        background: #488913;
    }
    .custom-appear-active{
        color: red;
        background: #CEFFCE;
        transition: all 3s ease;
    }
</style>
<div id="app">
    <transition
            appear
            appear-class="custom-appear"
            appear-to-class="custom-appear-to"
            appear-active-class="custom-appear-active"
    >
        <p>野火烧冈草，断烟生石松。</p>
    </transition>
</div>
<!--引入Vue文件-->
<script src="https://unpkg.com/vue@3/dist/vue.global.js"></script>
```

```
<script>
    //创建一个应用程序实例
    const vm= Vue.createApp({  }).mount('#app');
</script>
```

在Chrome浏览器中运行程序，页面一加载就会执行初始渲染的过渡样式，效果如图8-12所示，最后恢复原来的效果，如图8-13所示。

图 8-12　初始渲染的过渡效果

图 8-13　显示内容

还可以自定义JavaScript钩子函数：

```
<transition
    appear
    v-on:before-appear="customBeforeAppearHook"
    v-on:appear="customAppearHook"
    v-on:after-appear="customAfterAppearHook"
    v-on:appear-cancelled="customAppearCancelledHook"
>
    <!-- ... -->
</transition>
```

在上面的例子中，无论是appear属性还是v-on:appear钩子，都会生成初始渲染过渡。

8.3　多个元素的过渡

最常见的多标签过渡是一个列表和描述这个列表为空消息的元素：

```
<transition>
    <table v-if="items.length > 0">
        <!-- ... -->
    </table>
    <p v-else>Sorry, no items found.</p>
</transition>
```

注意，当有相同标签名的元素切换时，需要通过key属性设置唯一的值来标记，以便让Vue.js区分它们。否则Vue.js为了效率只会替换相同标签内部的内容。例如下面的代码：

```
<transition>
    <button v-if="isEditing" key="save">
        Save
    </button>
    <button v-else key="edit">
        Edit
```

```
   </button>
</transition>
```

在一些场景中，也可以通过给同一个元素的key attribute设置不同的状态来代替v-if和v-else，上面的例子可以重写为：

```
<transition>
   <button v-bind:key="isEditing">
     {{ isEditing ? 'Save' : 'Edit' }}
   </button>
</transition>
```

使用多个v-if的多个元素的过渡可以重写为绑定了动态property的单个元素过渡。例如：

```
<transition>
   <button v-if="docState === 'saved'" key="saved">
    Edit
   </button>
   <button v-if="docState === 'edited'" key="edited">
    Save
   </button>
   <button v-if="docState === 'editing'" key="editing">
    Cancel
   </button>
</transition>
```

可以重写为：

```
<transition>
   <button v-bind:key="docState">
    {{ buttonMessage }}
   </button>
</transition>
computed: {
   buttonMessage: function () {
    switch (this.docState) {
      case 'saved': return 'Edit'
      case 'edited': return 'Save'
      case 'editing': return 'Cancel'
    }
   }
}
```

8.4 列表过渡

前面介绍了使用transition组件实现过渡和动画效果，而渲染整个列表则使用<transition-group>组件。<transition-group>组件有以下几个特点：

（1）不同于<transition>，它会以一个真实元素呈现：默认为一个<span>。也可以通过tag属性更换为其他元素。

（2）过渡模式不可用，因为我们不再相互切换特有的元素。

（3）内部元素总是需要提供唯一的key属性值。

（4）CSS过渡的类将会应用在内部的元素中，而不是这个组/容器本身。

8.4.1　列表的进入/离开过渡

下面通过一个例子来学习如何设计列表的进入/离开过渡效果。

【例8.8】　列表的进入/离开过渡（源代码\ch08\8.8.html）。

```
<style>
    .list-item {
        display: inline-block;
        margin-right: 10px;
    }
    .list-enter-active, .list-leave-active {
        transition: all 1s;
    }
    .list-enter, .list-leave-to{
        opacity: 0;
        transform: translateY(30px);
    }
</style>
<div id="app" class="demo">
    <button v-on:click="add">添加</button>
    <button v-on:click="remove">移除</button>
    <transition-group name="list" tag="p">
        <span v-for="item in items" v-bind:key="item" class="list-item">
          {{ item }}
        </span>
    </transition-group>
</div>
<!--引入Vue文件-->
<script src="https://unpkg.com/vue@3/dist/vue.global.js"></script>
<script>
    //创建一个应用程序实例
    const vm= Vue.createApp({
        //该函数返回数据对象
        data(){
          return{
            items: [10,20,30,40,50,60,70,80,90],
            nextNum: 10
          }
        },
        methods: {
            randomIndex: function () {
                return Math.floor(Math.random() * this.items.length)
            },
            add: function () {
                this.items.splice(this.randomIndex(), 0, this.nextNum++)
```

```
        },
        remove: function () {
            this.items.splice(this.randomIndex(),1)
        }
    }
    //在指定的DOM元素上装载应用程序实例的根组件
}).mount('#app');
</script>
```

在Chrome浏览器中运行程序，单击"添加"按钮，向数组中添加内容，触发进入效果，效果如图8-14所示；单击"移除"按钮删除一个数，触发离开效果，效果如图8-15所示。

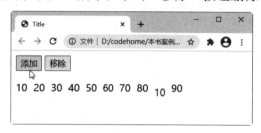

图 8-14　添加效果

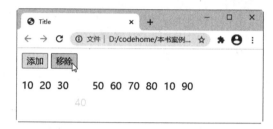

图 8-15　删除效果

这个例子有个问题，当添加和移除元素的时候，周围的元素会瞬间移动到它们在新布局的位置，而不是平滑地过渡，接下来会解决这个问题。

8.4.2　列表的排序过渡

<transition-group>组件还有一个特殊之处。不仅可以进入和离开动画，还可以改变定位。想要使用这个新功能，只需了解新增的v-move class，它会在元素改变定位的过程中应用。与之前的类名一样，可以通过name属性来自定义前缀，也可以通过move-class属性手动设置。

v-move对于设置过渡的切换时机和过渡曲线非常有用。示例代码如例8.9所示。

【例8.9】　列表的排序过渡（源代码\ch08\8.9.html）。

```
<script src="lodash.js"></script>
<style>
    .flip-list-move {
        transition: transform 1s;
    }
</style>
<div id="app" class="demo">
    <button v-on:click="shuffle">排序过渡</button>
    <transition-group name="flip-list" tag="ul">
        <li v-for="item in items" v-bind:key="item">
            {{ item }}
        </li>
    </transition-group>
</div>
<!--引入Vue文件-->
```

```
<script src="https://unpkg.com/vue@3/dist/vue.global.js"></script>
<script>
    //创建一个应用程序实例
    const vm= Vue.createApp({
        //该函数返回数据对象
        data(){
          return{
            items: [10,20,30,40,50,60,70,80,90],
           nextNum: 10
          }
        },
        methods: {
            shuffle: function () {
                this.items = _.shuffle(this.items)
            }
        }
    //在指定的DOM元素上装载应用程序实例的根组件
    }).mount('#app');
</script>
```

在Chrome浏览器中运行程序，效果如图8-16所示；单击"排序过渡"按钮，将会重新排列数字顺序，效果如图8-17所示。

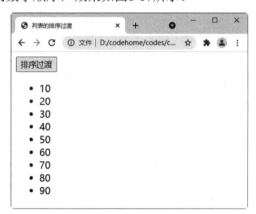

图 8-16 页面加载效果

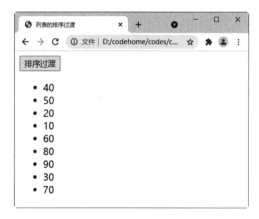

图 8-17 重新排列效果

在上面的示例中，Vue.js使用了一个叫FLIP的简单动画队列，使用其中的transforms将元素从之前的位置平滑过渡到新的位置。

8.4.3 列表的交错过渡

通过data选项与JavaScript通信就可以实现列表的交错过渡。下面通过一个过滤器的示例看一下效果。

【例8.10】 列表的交错过渡（源代码\ch08\8.10.html）。

```
<script src="velocity.js"></script>
<div id="app" class="demo">
```

```
        <input v-model="query">
        <transition-group
            name="staggered-fade"
            tag="ul"
            v-bind:css="false"
            v-on:before-enter="beforeEnter"
            v-on:enter="enter"
            v-on:leave="leave"
        >
            <li
                v-for="(item, index) in computedList"
                v-bind:key="item.msg"
                v-bind:data-index="index"
            >{{ item.msg }}</li>
        </transition-group>
</div>
<!--引入Vue文件-->
<script src="https://unpkg.com/vue@3/dist/vue.global.js"></script>
<script>
    //创建一个应用程序实例
    const vm= Vue.createApp({
        //该函数返回数据对象
        data(){
          return{
            query: '',
            list: [
                { msg: 'apple' },
                { msg: 'almond'},
                { msg: 'banana' },
                { msg: 'coconut' },
                { msg: 'date' },
                { msg: 'mango' },
                { msg: 'apricot'},
                { msg: 'banana' },
                { msg: 'bitter'}
            ]
          }
        },
        computed: {
            computedList: function () {
                var vm = this
                return this.list.filter(function (item) {
                    return item.msg.toLowerCase().indexOf(vm.query.toLowerCase()) !==
-1
                })
            }
        },
        methods: {
            beforeEnter: function (el) {
                el.style.opacity = 0
                el.style.height = 0
            },
            enter: function (el, done) {
                var delay = el.dataset.index * 150
                setTimeout(function () {
                    Velocity(
```

```
                        el,
                        { opacity: 1, height: '1.6em' },
                        { complete: done }
                    )
                }, delay)
            },
            leave: function (el, done) {
                var delay = el.dataset.index * 150
                setTimeout(function () {
                    Velocity(
                        el,
                        { opacity: 0, height: 0 },
                        { complete: done }
                    )
                }, delay)
            }
        }
    //在指定的DOM元素上装载应用程序实例的根组件
    }).mount('#app');
</script>
```

在Chrome浏览器中运行程序，效果如图8-18所示；在输入框中输入a，可以发现过滤掉了不带a的选项，如图8-19所示。

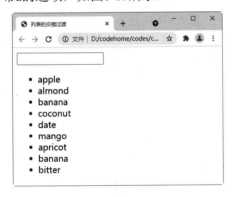

图 8-18　页面加载效果

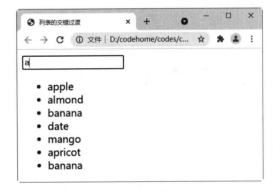

图 8-19　过滤掉一些数据

8.5　案例实战 1——商品编号增加器

本案例使用列表过渡的知识设计一个商品编号增加器。使用transition-group来包裹列表，相当于在每个div上都加上了一个transition。代码如下：

```
<!DOCTYPE html>
<html>
<head>
    <meta charset="UTF-8">
    <title>商品编号增加器</title>
    <script src="https://unpkg.com/vue@3/dist/vue.global.js"></script>
    <style>
        .v-enter, .v-leave-to {
```

```
            opacity: 0;
        }
        .v-enter-active, .v-leave-active {
            transition: opacity 2s;
        }
    </style>
</head>
<body>
    <div id="app">
        <transition-group>
            <!-- 这里尽量不使用index作为key -->
            <div v-for="(item, index) of list" :key="item.id">
                {{item.title}}
            </div>
        </transition-group>
         <button @click="handleBtnClick">增加</button>
    </div>
    <script>
        var count = 0;
    //创建一个应用程序实例
    const vm= Vue.createApp({
        //该函数返回数据对象
        data(){
         return{
            list: []
         }
        },
         methods: {
            handleBtnClick () {
                this.list.push({
                    id:count++,
                    title: '商品编号: '+" "+ count
                })
            }
        }
    //在指定的DOM元素上装载应用程序实例的根组件
    }).mount('#app');
</script>
</body>
</html>
```

在Chrome浏览器中运行程序，多次单击"增加"按钮，效果如图8-20所示。

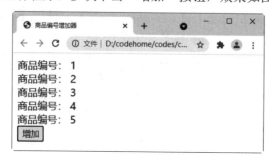

图 8-20　商品编号增加器

8.6 案例实战 2——设计下拉菜单的过渡动画

本案例使用列表过渡的知识设计一个下拉菜单的过渡动画效果,实现同时展开一级菜单和二级菜单的效果。代码如下:

```
<!DOCTYPE html>
<html>
<head>
    <meta charset="utf-8">
    <title>过渡下拉菜单</title>
    <style type="text/css">
        #main {
            background-color:#CEFFCE;
            width: 300px;
        }
        #main ul{
            height: 9 rem;
            overflow-x: hidden;
        }
        .fade-enter-active, .fade-leave-active{
            transition: height 0.5s
        }
        .fade-enter, .fade-leave-to{
            height: 0
        }
    </style>
    <script src="https://unpkg.com/vue@3/dist/vue.global.js"></script>
</head>
<body>
    <div id="main">
        <button @click="test">主页</button>
        <transition name="fade">
            <ul v-if="show">
                <li>经典课程</li>
                    <ul>
                        <li><a href="#">Python开发课程</a></li>
                        <li><a href="#">Java开发课程</a></li>
                        <li><a href="#">网站前端开发课程</a></li>
                    </ul>
                <li>热门技术</li>
                    <ul>
                        <li><a href="#">前端开发技术</a></li>
                        <li><a href="#">网络安全技术</a></li>
                        <li><a href="#">PHP开发技术</a></li>
                    </ul>
                <li>畅销教材</li>
                    <ul>
                        <li><a href="#">网站前端开发教材</a></li>
```

```
                <li><a href="#">C语言入门教材</a></li>
                <li><a href="#">Python开发教材</a></li>
            </ul>
        <li>联系我们</li>
        </ul>
    </transition>
</div>
<script>
    //创建一个应用程序实例
    const vm= Vue.createApp({
        //该函数返回数据对象
        data(){
          return{
            show: false
            }
        } ,
        methods: {
            test () {
                this.show = !this.show;
            }
        }
    //在指定的DOM元素上装载应用程序实例的根组件
    }).mount('#main');
</script>
</body>
</html>
```

在Chrome浏览器中运行程序，效果如图8-21所示。单击"主页"按钮，效果如图8-22所示。

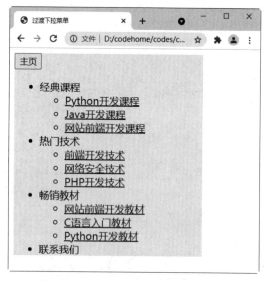

图 8-21   下拉菜单的初始效果   图 8-22   展开下拉菜单

第 **9** 章

熟练使用构建工具Vue CLI和Vite

开发大型单页面应用时，需要考虑项目的组织结构、项目构建、部署、热加载等问题，这些工作非常耗费时间，影响项目的开发效率。为此，本章将介绍一些能够创建脚手架的工具。脚手架致力于将Vue.js生态中的工具基础标准化。它确保了各种构建工具基于智能的默认配置即可平稳衔接，这样可以把精力放在开发应用的核心业务上，而不必花时间纠结配置的问题。

9.1 脚手架的组件

Vue CLI是一个基于Vue.js进行快速开发的完整系统，提供以下功能：

（1）通过@vue/cli搭建交互式的项目脚手架。

（2）通过@vue/cli + @vue/cli-service-global快速开始零配置原型开发。

（3）一个运行时的依赖（@vue/cli-service），该依赖基于webpack构建，并带有合理的默认配置，该依赖可升级，也可以通过项目内的配置文件进行配置，还可以通过插件进行扩展。

（4）一个丰富的官方插件集合，集成了前端生态中最好的工具。

（5）一套完全图形化的创建和管理Vue.js项目的用户界面。

Vue CLI有几个独立的部分——如果了解过Vue.js的源代码，会发现这个仓库中同时管理了多个单独发布的包。下面我们分别讲解这些包。

1. CLI

CLI（@vue/cli）是一个全局安装的NPM包，提供了终端中使用的Vue.js命令。它可以通过vue create命令快速创建一个新项目的脚手架，或者直接通过vue serve命令构建新项目的原型。也可以使用vue ui命令，通过一套图形化界面管理所有项目。

2. CLI 服务

CLI服务（@vue/cli-service）是一个开发环境依赖。它是一个NPM包，局部安装在每个 @vue/cli创建的项目中。CLI服务构建于webpack和webpack-dev-server之上，它包含以下内容：

（1）加载其他 CLI 插件的核心服务。

（2）一个针对绝大部分应用优化过的内部webpack配置。

（3）项目内部的vue-cli-service命令，提供serve、build和inspect命令。

（4）熟悉create-react-app的话，@vue/cli-service实际上大致等价于react-scripts，尽管功能集合不一样。

3. CLI 插件

CLI插件是向Vue.js项目提供可选功能的NPM包，例如Babel/TypeScript转译、ESLint集成、单元测试和end-to-end测试等。Vue CLI 插件的名字以 @vue/cli-plugin-（内建插件）或 vue-cli-plugin-（社区插件）开头，非常容易使用。在项目内部运行vue-cli-service命令时，它会自动解析并加载package.json中列出的所有CLI插件。

插件可以作为项目创建过程的一部分，或在后期加入项目中。它们也可以被归成一组可复用的preset。

9.2　脚手架环境搭建

新版本的脚手架包名称由vue-cli改成了@vue/cli。如果已经全局安装了旧版本的vue-cli（1.x 或2.x），需要先通过npm uninstall vue-cli -g或yarn global remove vue-cli命令卸载它。Vue CLI 需要安装Node.js。

01 首先在浏览器中打开 Node.js 官网（https://nodejs.org/en/），如图 9-1 所示，下载推荐版本。

图 9-1　Node.js 官网

02 文件下载完成后，双击安装文件，进入欢迎界面，如图 9-2 所示。

03 单击 Next 按钮，进入许可协议窗口，选择 I accept the terms in the License Agreement 复选框，如图 9-3 所示。

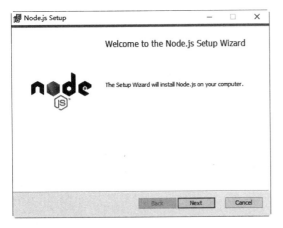

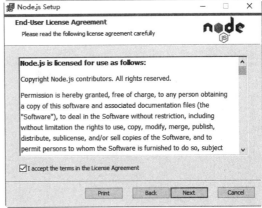

图 9-2　Node.js 安装欢迎界面　　　　　　　　图 9-3　许可协议窗口

04 单击 Next 按钮，进入设置安装路径窗口，如图 9-4 所示。

05 单击 Next 按钮，进入自定义设置窗口，如图 9-5 所示。

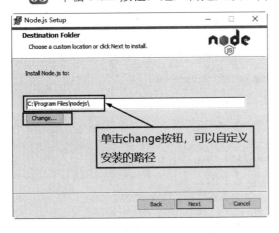

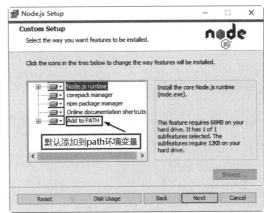

图 9-4　Node.js 设置安装路径窗口　　　　　　　图 9-5　自定义设置窗口

06 单击 Next 按钮，进入本机模块设置工具窗口，如图 9-6 所示。

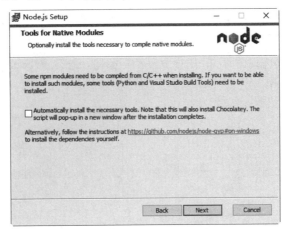

图 9-6　本机模块设置工具窗口

07 单击 Next 按钮，进入 Ready to install Node.js（准备安装）窗口，如图 9-7 所示。

08 单击 Install 按钮，开始安装并显示安装的进度，如图 9-8 所示。

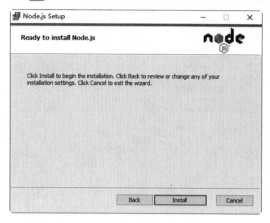

图 9-7　准备安装窗口

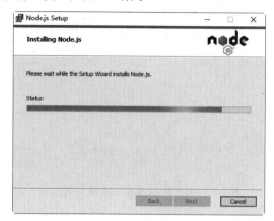

图 9-8　显示安装的进度

09 安装完成后，单击 Finish 按钮，完成软件的安装，如图 9-9 所示。

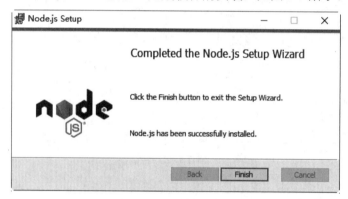

图 9-9　完成软件的安装

安装成功后，需要检测是否安装成功。具体步骤如下：

01 使用 Window+R 键打开"运行"对话框，然后在"运行"对话框中输入 cmd，如图 9-10 所示。

02 单击"确定"按钮，即可打开命令提示符窗口，输入命令 node -v，然后按回车键，如果出现 Node.js 对应的版本号，则说明安装成功，如图 9-11 所示。

图 9-10　在"运行"对话框中输入 cmd

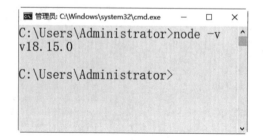

图 9-11　检查 Node.js 版本

提示　因为Node.js已经自带NPM（Node Package Manager，包管理工具），直接在命令提示符窗口中输入命令npm -v来检验其版本，如图9-12所示。

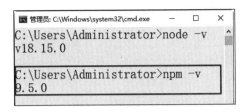

图9-12　检查NPM版本

9.3　安装脚手架

可以使用下列其中一个命令来安装脚手架：

npm install -g @vue/cli

或者

yarn global add @vue/cli

这里使用npm install -g @vue/cli命令来安装。在窗口中输入命令，并按回车键，即可进行安装，如图9-13所示。

图 9-13　安装脚手架

提示　除使用NPM安装外，还可以使用淘宝镜像（cnpm）来进行安装，安装的速度更快。

使用cnpm install -g @vue/cli命令安装之后，可以使用vue --version命令来检查其版本是否正确（5.x），如图9-14所示。

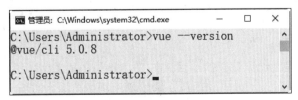

图9-14　检查脚手架版本

9.4　创建项目

9.3节中脚手架的环境已经配置完成了，本节将讲解使用脚手架来快速创建项目。

9.4.1　使用命令

首先打开创建项目的路径，例如在D:磁盘创建项目，项目名称为mydemo。具体步骤说明如下。

01 打开命令提示符窗口，在该窗口中输入"D:"命令，按回车键进入 D 盘，如图 9-15 所示。

02 在 D 盘创建 mydemo 项目。在命令提示符窗口中输入 vue create mydemo 命令，按回车键进行创建。紧接着会提示配置方式，包括 Vue.js 3.x 默认配置、Vue 2.x 默认配置和手动配置，使用方向键选择第一个选项，如图 9-16 所示。

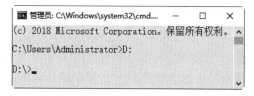

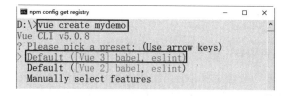

图 9-15　进入项目路径　　　　　　　　　图 9-16　选择配置方式

> **注意** 项目的名称不能大写，否则无法成功创建项目。

03 这里选择 Vue.js 3.x 默认配置，直接按回车键，即可创建 mydemo 项目，并显示创建的过程，如图 9-17 所示。

04 项目创建完成后，如图 9-18 所示。

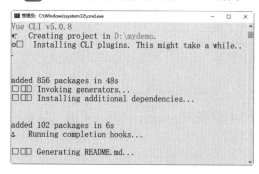

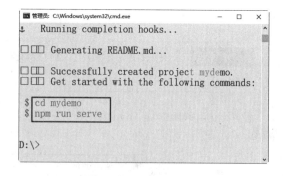

图 9-17　创建 mydemo 项目　　　　　　　　图 9-18　项目创建完成

05 这时可在 D 盘上看见创建的项目文件夹，如图 9-19 所示。

06 项目创建完成后，可以启动项目。紧接着上面的步骤，使用 cd mydemo 命令进入项目，然后使用脚手架提供的 npm run serve 命令启动项目，如图 9-20 所示。

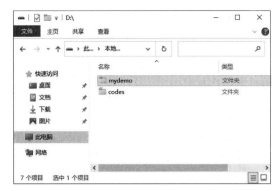

图 9-19　创建的项目文件夹　　　　　　图 9-20　启动项目

07 项目启动成功后，会提供本地的测试域名，只需要在浏览器地址栏中输入 http://localhost:8080/，即可打开项目，如图 9-21 所示。

图 9-21　在浏览器中打开项目

提示　vue create命令有一些可选项，可以通过运行以下命令进行探索：

```
vue create --help
```

---

vue create命令的选项如下：

```
-p, --preset <presetName>     忽略提示符并使用已保存的或远程的预设选项
-d, --default                 忽略提示符并使用默认预设选项
-i, --inlinePreset <json>     忽略提示符并使用内联的JSON字符串预设选项
-m, --packageManager <command> 在安装依赖时使用指定的NPM客户端
-r, --registry <url>          在安装依赖时使用指定的npm registry
-g, --git [message]           强制/跳过git初始化，并可选地指定初始化提交信息
-n, --no-git                  跳过git初始化
-f, --force                   覆写目标目录可能存在的配置
-c, --clone                   使用git clone获取远程预设选项
-x, --proxy                   使用指定的代理创建项目
-b, --bare                    创建项目时省略默认组件中的新手指导信息
-h, --help                    输出使用帮助信息
```

9.4.2 使用图形化界面

除了使用命令创建项目外，还可以通过vue ui命令以图形化界面创建和管理项目。比如，这里创建名为app的项目。具体步骤如下：

01 打开命令提示符窗口，在该窗口中输入"d:"命令，按回车键进入 D 盘根目录下。然后在窗口中输入 vue ui 命令，按回车键，如图 9-22 所示。

02 紧接着会在本地默认的浏览器上打开图形化界面，如图 9-23 所示。

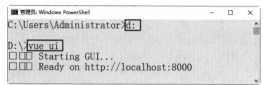

图 9-22　启动图形化界面

图 9-23　默认浏览器打开图形化界面

03 在图形化界面单击"创建"按钮，将显示创建项目的路径，如图 9-24 所示。

图 9-24　单击"创建"按钮

04 单击"在此创建新项目"按钮，显示创建项目的界面，输入项目的名称 myapp，在详情选项中，根据需要进行选择，如图 9-25 所示。

图 9-25　"详情"选项配置

05 单击"下一步"按钮，将展示"预设"选项，如图 9-26 所示。根据需要选择一套预设即可，这里选择第一项的预设方案。

图 9-26　"预设"选项配置

06 单击"创建项目"按钮创建项目，如图 9-27 所示。

07 项目创建完成后，在 D 盘下即可看到 myapp 项目的文件夹。在浏览器中将显示如图 9-28 所示的界面，其他 4 个部分（插件、依赖、配置和任务）分别如图 9-29~图 9-32 所示。

图 9-27   开始创建项目

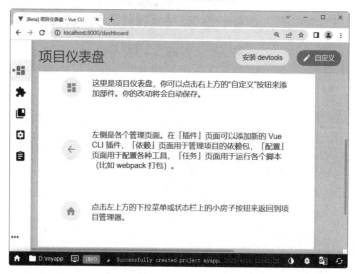

图 9-28   创建完成浏览器显示效果

图 9-29   插件配置界面

图 9-30　依赖配置界面

图 9-31　项目配置界面

图 9-32　任务界面

9.5　分析项目结构

打开mydemo文件夹，目录结构如图9-33所示。

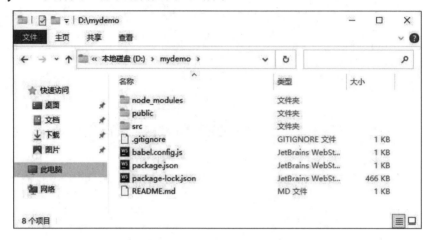

图 9-33　项目目录结构

项目目录下的文件夹和文件的用途说明如下。

（1）node_modules文件夹：项目依赖的模块。

（2）public文件夹：该目录下的文件不会被webpack编译压缩处理，这里会存放引用的第三方库的JS文件。

（3）src文件夹：项目的主目录。

（4）.gitignore：配置在git提交项目代码时忽略哪些文件或文件夹。

（5）babel.config.js：Babel使用的配置文件。

（6）package.json：在NPM的配置文件，设定了脚本和项目依赖的库。

（7）package-lock.json：用于锁定项目实际安装的各个NPM包的具体来源和版本号。

（8）REDAME.md：项目说明文件。

下面分析几个关键的文件代码：src文件夹下的App.vue文件和main.js文件、public文件夹下的index.html文件。

1. App.vue 文件

该文件是一个单文件组件，其包含组件代码、模板代码和CSS样式规则。这里引入了HelloWorld组件，然后在template中使用它。具体代码如下：

```
<template>
    <img alt="Vue logo" src="./assets/logo.png">
    <HelloWorld msg="Welcome to Your Vue.js App"/>
</template>
<script>
import HelloWorld from './components/HelloWorld.vue'
export default {
```

```
        name: 'App',
        components: {
            HelloWorld
        }
    }
</script>
<style>
#app {
    font-family: Avenir, Helvetica, Arial, sans-serif;
    -webkit-font-smoothing: antialiased;
    -moz-osx-font-smoothing: grayscale;
    text-align: center;
    color: #2c3e50;
    margin-top: 60px;
}
</style>
```

2. main.js 文件

该文件是程序入口的JavaScript文件，主要用于加载各种公共组件和项目需要用到的各种插件，并创建Vue的根实例。具体代码如下：

```
import { createApp } from 'vue'   //Vue.js 3.x中新增的Tree-shaking支持
import App from './App.vue'       //导入App组件

createApp(App).mount('#app')      //创建应用程序实例，加载应用程序实例的根组件
```

3. index.html 文件

该文件为项目的主文件，这里包含一个id为app的div元素，组件实例会自动挂载到该元素上。具体代码如下：

```
<!DOCTYPE html>
<html lang="">
<head>
    <meta charset="utf-8">
    <meta http-equiv="X-UA-Compatible" content="IE=edge">
    <meta name="viewport" content="width=device-width,initial-scale=1.0">
    <link rel="icon" href="<%= BASE_URL %>favicon.ico">
    <title><%= htmlWebpackPlugin.options.title %></title>
</head>
<body>
    <noscript>
      <strong>We're sorry but <%= htmlWebpackPlugin.options.title %> doesn't work
properly without JavaScript enabled. Please enable it to continue.</strong>
    </noscript>
    <div id="app"></div>
    <!-- built files will be auto injected -->
</body>
</html>
```

9.6　配置 Sass、Less 和 Stylus

现在流行的CSS预处理器有Less、Sass和Stylus等，如果想要在Vue cli创建的项目中使用这些预处理器，可以在创建项目的时候进行配置。下面以配置Sass为例进行讲解，其他预处理的设置方法类似。

01 使用 vue create sassdemo 命令创建项目时，选择手动配置模块，如图 9-34 所示。

02 按回车键，进入模块配置界面，然后通过空格键选择要配置的模块，这里选择 CSS Pre-processors 来配置预处理器，如图 9-35 所示。

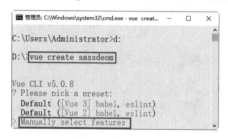

图 9-34　手动配置模块

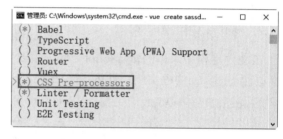

图 9-35　模块配置界面

03 按回车键，进入选择版本界面，这里选择 3.x 选项，如图 9-36 所示。

04 按回车键，进入 CSS 预处理器选择界面，这里选择 Sass/SCSS (with dart-sass)，如图 9-37 所示。

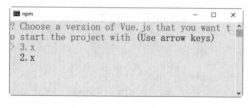

图 9-36　选择 3.x 选项

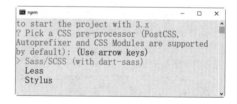

图 9-37　选择 Sass/SCSS (with dart-sass)

05 按回车键，进入代码格式和校验选项界面，这里选择默认的第一项，表示仅用于错误预防，如图 9-38 所示。

06 按回车键，进入何时检查代码界面，这里选择默认的第一项，表示保存时检测，如图 9-39 所示。

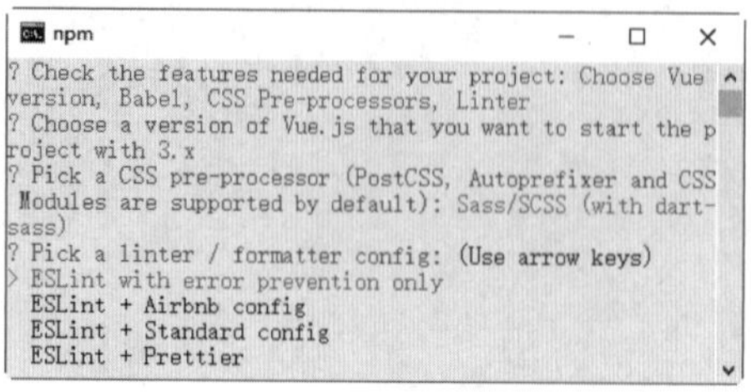

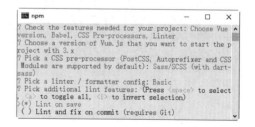

图 9-38　代码格式和校验选项界面

图 9-39　何时检查代码界面

07 按回车键，接下来设置如何保存配置信息，第 1 项表示在专门的配置文件中保存配置信息，第 2 项表示在 package.json 文件中保存配置信息，这里选择第 1 项，如图 9-40 所示。

08 按回车键，接下来设置是否保存本次设置，如果选择保存本次设置，以后再使用 vue create 命令创建项目时，会出现保存过的配置供用户选择。这里输入 y，表示保存本次设置，如图 9-41 所示。

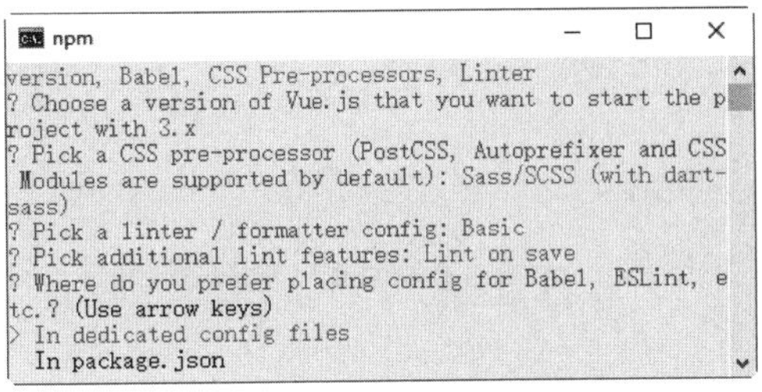

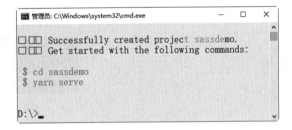

图 9-40　设置如何保存配置信息 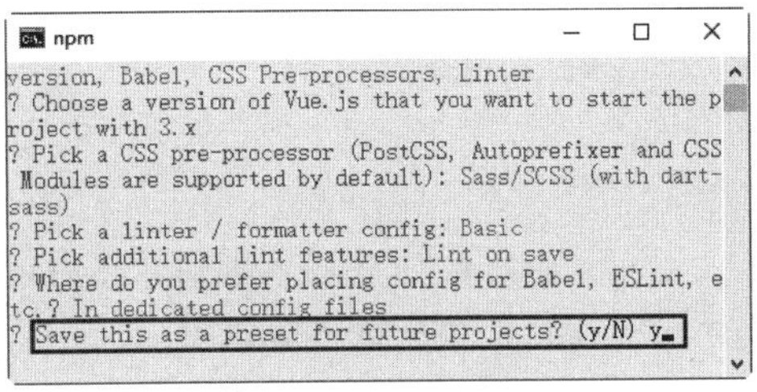　　　　　　图 9-41　保存本次设置

09 按回车键，接下来为本次配置取个名字，这里输入 myset，如图 9-42 所示。

10 按回车键，项目创建完成后，结果如图 9-43 所示。

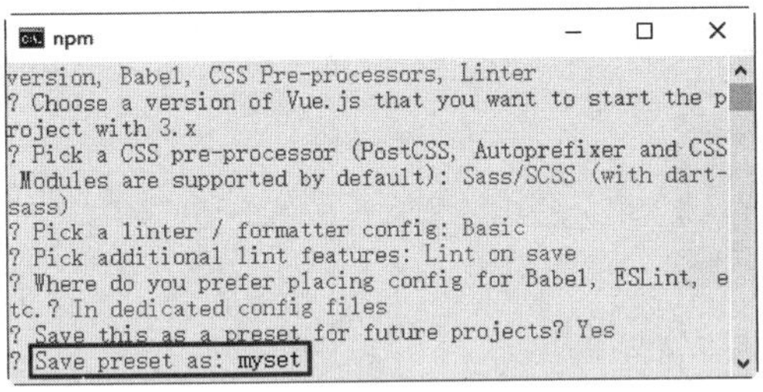

图 9-42　设置本次设置的名字　　　　　　图 9-43　项目创建完成

项目创建完成之后，在组件的 style 标签中添加 lang="scss"，便可以使用 Scss 预处理器了。在 App.vue 组件中编写代码，定义了两个 div 元素，使用 Scss 定义其样式，代码如下：

```
<template>
  <div class="hello">
    <div class="big-box">
      大盒子
      <div class="small-box">
        小盒子
      </div>
    </div>
  </div>
</template>
<script>
export default {
  name: 'HelloWorld',
}
</script>
<style lang="scss">
  .big-box{
```

```
    border: 1px solid red;
    width: 500px;
    height: 300px;
  }
  .small-box {
    background-color: #ff0000;
    color: #000000;
    width: 200px;
    height: 100px;
    margin:20% 30%;
    color: #fff;
  }
</style>
```

使用cd sassdemo命令进入项目，然后使用脚手架提供的npm run serve命令启动项目，在浏览器中运行项目，效果如图9-44所示。

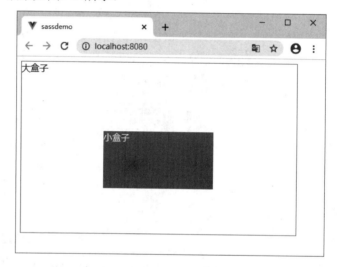

图9-44　项目运行效果

9.7　配置文件 package.json

package.json是JSON格式的NPM配置文件，定义了项目所需要的各种模块，以及项目的配置信息。在项目开发中经常需要修改该文件的配置内容。package.json的代码和注释如下：

```
{
  "name": " app ",        //项目文件的名称
  "version": "0.1.0",     //项目版本
  "private": true,        //是否私有项目
  "scripts": {            //值是一个对象，其中设置了项目生命周期各个环节需要执行的命令
    "serve": "vue-cli-service serve", //执行npm run server，运行项目
    "build": "vue-cli-service build", //执行npm run build，构建项目
    "lint": "vue-cli-service lint"  //执行npm run lint，运行ESLint验证并格式化代码
```

```
    "devDependencies": {                    //这里的依赖用于开发环境,不发布到生产环境中
     "@vue/cli-plugin-babel": "~4.5.0",
     "@vue/cli-plugin-eslint": "~4.5.0",
     "@vue/cli-service": "~4.5.0",
     "@vue/compiler-sfc": "^3.0.0",
     "babel-eslint": "^10.1.0",
     "eslint": "^6.7.2",
     "eslint-plugin-vue": "^7.0.0",
     "sass": "^1.26.5",
     "sass-loader": "^8.0.2"
    }
}
```

在使用NPM安装依赖的模块时,可以根据模块是否需要在生产环境下使用而选择附加-S
或者-D参数。例如以下命令:

```
nmp install element-ui -S
//等价于
nmp install element-ui -save
```

安装后会在dependencies中写入依赖性,在项目打包发布时,在dependencies中写入的依赖
性也会一起打包。

9.8　Vue.js 3.x 新增开发构建工具——Vite

Vite是Vue.js的作者尤雨溪开发的Web开发构建工具,它是一个基于浏览器原生ES模块导
入的开发服务器,其在开发环境下利用浏览器解析import,在服务器端按需编译返回,完全跳
过打包这个操作,服务器随启随用。可见,Vite专注于提供一个快速的开发服务器和基本的构
建工具。

不过需要特别注意的是,Vite是Vue.js 3.x新增的开发构建工具,目前仅仅支持Vue.js 3.x,
所以与Vue.js 3.x不兼容的库不能与Vite一起使用。

Vite提供了npm和yarm命令方式创建项目。

例如,使用npm命令创建项目myapp,命令如下:

```
npm init vite-app myapp
cd myapp
npm install
npm run dev
```

执行过程如图9-45所示。

项目启动成功后,会提供本地的测试域名,只需要在浏览器地址栏中输入
http://localhost:3000/,即可打开项目,如图9-46所示。

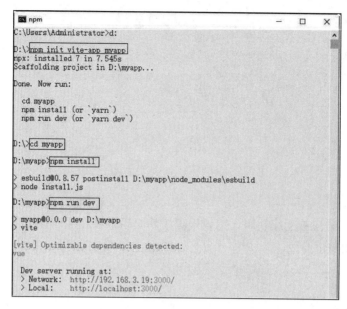

图 9-45　使用 npm 命令创建项目 myapp

图 9-46　在浏览器中打开项目

使用Vite生成的项目结构和含义如下：

```
|-node_modules         -- 项目依赖包的目录
|-public               -- 项目公用文件
  |--favicon.ico       -- 网站地址栏前面的小图标
|-src                  -- 源文件目录，程序员主要工作的地方
  |-assets             -- 静态文件目录，图片图标，比如网站logo
  |-components         -- Vue 3.x的自定义组件目录
  |--App.vue           -- 项目的根组件，单页应用都需要
  |--index.css         -- 一般项目的通用CSS样式写在这里，main.js引入
  |--main.js           -- 项目入口文件，SPA单页应用都需要入口文件
|--.gitignore          -- git的管理配置文件，设置哪些目录或文件不管理
|-- index.html         -- 项目的默认首页，Vue的组件需要挂载到这个文件上
|-- package-lock.json  --项目包的锁定文件，用于防止包版本不一致导致的错误
|-- package.json       -- 项目配置文件，包管理、项目名称、版本和命令
```

其中配置文件package.json的代码如下：

```
{
    "name": "myapp",
    "version": "0.0.0",
    "scripts": {
      "dev": "vite",
      "build": "vite build"
    },
    "dependencies": {
      "vue": "^3.0.4"
    },
    "devDependencies": {
      "vite": "^1.0.0-rc.13",
      "@vue/compiler-sfc": "^3.0.4"
    }
}
```

如果需要构建生产环境下的发布版本，则只需要在终端窗口执行以下命令：

```
npm run build
```

如果使用yarn命令创建项目myapp，则依次执行以下命令：

```
yarn create  vite-app myapp
cd myapp
yarn
yarn dev
```

> 提示　如果没有安装YARN，则执行以下命令安装YARN：
>
> ```
> npm install -g yarn
> ```

第 10 章

基于Vue 3的UI组件库Element Plus

Element Plus是一个基于Vue.js的前端UI框架，它提供了一套完整的组件库，包含按钮、表单、列表、导航、布局等丰富的功能。本章将重点学习使用Element Plus框架的方法和技巧。

10.1 Element Plus 的安装与使用

本节介绍安装Element Plus的方法。

1. CDN 方式

使用CDN方式安装，代码如下：

```
<!--引入Vue文件-->
<script src="https://unpkg.com/vue@3/dist/vue.global.js"></script>
<!-- 引入样式 -->
<link rel="stylesheet"  href="https://cdn.jsdelivr.net/npm/element-plus/dist/
index.css" rel="external nofollow" target="_blank" />
<!-- 引入组件库 -->
<script src="https://cdn.jsdelivr.net/npm/element-plus" rel="external
nofollow" ></script>
```

2. NPM 方式

如果采用模块化开发，可以使用NPM安装方式，执行下面的命令安装Element Plus：

```
npm install element-plus --save
```

或者使用YARN安装，命令如下：

```
yarn add element-plus
```

安装Element Plus框架后，可以在主文件中完整引入所有的组件，使用方法如下：

```
import { createApp } from 'vue'
import ElementPlus from 'element-plus'
import 'element-plus/dist/index.css'
import App from './App.vue'
const app = createApp(App)
app.use(ElementPlus)
app.mount('#app')
```

如果只需要引入指定的部分组件，方法如下：

```
<template>
  <el-button>按钮组件</el-button>
</template>
<script>
  import { defineComponent } from 'vue'
  import { ElButton } from 'element-plus'
  export default defineComponent({
    name: 'app'
    components: {
      ElButton,
    },
  })
</script>
```

使用CDN方式比较简单，下面通过一个案例来讲述如何使用Element Plus框架。

【例10.1】 使用Element Plus框架（源代码\ch10\10.1.html）

```
<!DOCTYPE html>
<html>
  <head>
    <meta charset="UTF-8" />
    <!--引入Vue文件-->
    <script src="https://unpkg.com/vue@3/dist/vue.global.js"></script>
    <!-- 引入样式 -->
    <link rel="stylesheet"
href="https://cdn.jsdelivr.net/npm/element-plus/dist/index.css" rel="external
nofollow" target="_blank" />
    <!-- 引入组件库 -->
    <script src="https://cdn.jsdelivr.net/npm/element-plus" rel="external
nofollow" ></script>
    <title>Element Plus框架</title>
  </head>
  <body>
    <div id="app">
      <el-button>{{ message }}</el-button>
    </div>
    <script>
      const App = {
        data() {
          return {
            message: "山光悦鸟性，潭影空人心。",
```

```
      };
    },
  };
  const app = Vue.createApp(App);
  app.use(ElementPlus);
  app.mount("#app");
  </script>
  </body>
</html>
```

在Chrome浏览器中运行程序，效果如图10-1所示。

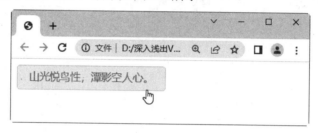

图 10-1　使用 Element Plus 框架

10.2　基本组件

Element Plus框架提供了很多组件，本节开始学习基本组件的使用方法。

10.2.1　按钮组件

按钮组件的使用方法如下：

```
<el-button>按钮组件</el-button>
```

按钮的样式可以通过type、plain和round属性来定义。按钮的状态是否可以使用disabled属性来定义。

根据前面章节所学的知识，使用构建工具Vue CLI创建一个项目mydemo。本小节的案例将在该项目中测试。

【例10.2】　使用按钮组件（源代码\ch10\10.2.vue）

```
<template>
  <el-row>
  <el-button>默认按钮</el-button>
  <el-button type="primary">主要按钮</el-button>
  <el-button type="success" disabled >成功按钮</el-button>
  <el-button type="info">信息按钮</el-button>
  <el-button type="warning">警告按钮</el-button>
  <el-button type="danger">危险按钮</el-button>
```

```
</el-row>
<el-row>
  <el-button plain>朴素按钮</el-button>
  <el-button type="primary" plain>主要按钮</el-button>
  <el-button type="success" plain>成功按钮</el-button>
  <el-button type="info" plain disabled >信息按钮</el-button>
  <el-button type="warning" plain>警告按钮</el-button>
  <el-button type="danger" plain>危险按钮</el-button>
</el-row>
<el-row>
  <el-button round>圆角按钮</el-button>
  <el-button type="primary" round>主要按钮</el-button>
  <el-button type="success" round>成功按钮</el-button>
  <el-button type="info" round>信息按钮</el-button>
  <el-button type="warning" round disabled>警告按钮</el-button>
  <el-button type="danger" round>危险按钮</el-button>
</el-row>
</template>
```

在Chrome浏览器中运行程序，效果如图10-2所示。

图 10-2　使用按钮组件

如果按钮比较多，可以进行分组显示，这里使用<el-button-group>标签来进行分组。如果想在按钮上显示加载状态，可以设置loading属性为true。

【例10.3】　按钮的分组和加载状态（源代码\ch10\10.3.vue）

```
<template>
  <el-button-group>
  <el-button type="primary">上一页</el-button>
  <el-button type="primary">下一页</el-button>
</el-button-group>
<el-button-group>
  <el-button type="primary" :loading="true">正在加载</el-button>
  <el-button type="primary" :loading="true">加载中</el-button>
</el-button-group>
</template>
```

在Chrome浏览器中运行程序，效果如图10-3所示。

图 10-3　按钮的分组和加载状态

10.2.2　文字链接组件

文字链接组件的使用方法如下：

```
<el-link>文字链接</el-link>
```

文字链接组件的状态是否可以使用disabled属性来定义。

【例10.4】　使用文字链接组件（源代码\ch10\10.4.vue）

```
<template>
  <div>
  <el-link>默认链接</el-link>
  <el-link type="primary">主要链接</el-link>
  <el-link type="success" disabled>成功链接</el-link>
  <el-link type="warning">警告链接</el-link>
  <el-link type="danger" disabled>危险链接</el-link>
  <el-link type="info" >信息链接</el-link>
  </div>
</template>
```

在Chrome浏览器中运行程序，效果如图10-4所示。

图 10-4　使用文字链接组件

10.2.3　间距组件

间距组件的使用方法如下：

```
<el-space>间距组件</el-space>
```

使用fill属性可以让子节点自动填充容器。

【例10.5】　使用间距组件（源代码\ch10\10.5.vue）

```
<template>
```

```
<div>
  <div style="margin-bottom:15px">
    切换: <el-switch v-model="fill"></el-switch>
  </div>
  <el-space :fill="fill" wrap>
    <el-card class="box-card" v-for="i in 3" :key="i">
      <template #header>
        <div class="card-header">
          <span>卡片标题</span>
        </div>
      </template>
      <div v-for="o in 3" :key="o" class="text item">
        {{ '列表项目 ' + o }}
      </div>
    </el-card>
  </el-space>
</div>
</template>
<script>
export default {
  data() {
    return { fill: true }
  },
}
</script>
```

在Chrome浏览器中运行程序，垂直布局效果如图10-5所示。关闭"切换"按钮的开关后，水平布局效果如图10-6所示。

图 10-5　垂直布局效果　　　　　　　　　　图 10-6　水平布局效果

使用fillRatio参数可以自定义填充的比例。默认值为100，代表基于父容器宽度的100%进行填充。

【例10.6】　使用间距组件（源代码\ch10\10.6.vue）

```html
<template>
  <div>
    <div style="margin-bottom: 15px">
      布局方向：
      <el-radio v-model="direction" label="horizontal">水平填充布局</el-radio>
      <el-radio v-model="direction" label="vertical">垂直填充布局</el-radio>
    </div>
    <div style="margin-bottom: 15px">
      填充比例：<el-slider v-model="fillRatio"></el-slider>
    </div>
    <el-space
      fill
      wrap
      :fillRatio="fillRatio"
      :direction="direction"
      style=" width: 100%"
    >
      <el-card class="box-card" v-for="i in 3" :key="i">
        <template #header>
          <div class="card-header">
            <span>卡片标题</span>
          </div>
        </template>
        <div v-for="o in 4" :key="o" class="text item">
          {{ '列表项目 ' + o }}
        </div>
      </el-card>
    </el-space>
  </div>
</template>

<script>
  export default {
    data() {
      return { direction: 'horizontal', fillRatio: 30 }
    },
  }
</script>
```

在Chrome浏览器中运行程序，设置填充比例后，水平填充布局效果如图10-7所示。选择"垂直填充布局"单选按钮，设置填充比例后，垂直填充布局效果如图10-8所示。

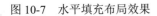

图 10-7 水平填充布局效果

图 10-8 垂直填充布局效果

10.3 页面布局

Element Plus提供了快速布局页面的方法，包括使用基础的24分栏和使用布局管理器。下面将分别进行讲述。

10.3.1 创建页面基础布局

通过基础的24分栏可以迅速地创建布局。组件默认采用flex布局，无须手动设置 type="flex"。创建基础布局页面时，常用的技术如下：

（1）通过使用row和col组件，然后设置col组件的span属性，从而自由地实现页面的组合布局。

（2）默认情况下，分栏之间没有间隔。通过设置row组件的gutter属性可以指定每一栏之间的间隔。

（3）通过设置col组件的offset属性可以指定分栏偏移的栏数。

【例10.7】 创建简单的页面布局（源代码\ch10\10.7.vue）

```
<template>
  <el-row>
    <el-col :span="24"><div class="grid-content bg-purple-dark"></div></el-col>
  </el-row>
  <el-row>
```

```
    <el-col :span="8"><div class="grid-content bg-purple"></div></el-col>
    <el-col :span="8"><div class="grid-content bg-purple-light"></div></el-col>
    <el-col :span="8"><div class="grid-content bg-purple"></div></el-col>
  </el-row>
  <el-row>
    <el-col :span="6"><div class="grid-content bg-purple"></div></el-col>
    <el-col :span="6"><div class="grid-content bg-purple-light"></div></el-col>
    <el-col :span="6"><div class="grid-content bg-purple"></div></el-col>
    <el-col :span="6"><div class="grid-content bg-purple-light"></div></el-col>
  </el-row>
    <el-row :gutter="20">
    <el-col :span="16"><div class="grid-content bg-purple"></div></el-col>
    <el-col :span="8"><div class="grid-content bg-purple"></div></el-col>
  </el-row>
  <el-row :gutter="20">
    <el-col :span="8"><div class="grid-content bg-purple"></div></el-col>
    <el-col :span="8"><div class="grid-content bg-purple"></div></el-col>
    <el-col :span="4"><div class="grid-content bg-purple"></div></el-col>
    <el-col :span="4"><div class="grid-content bg-purple"></div></el-col>
  </el-row>
  <el-row :gutter="20">
    <el-col :span="4"><div class="grid-content bg-purple"></div></el-col>
    <el-col :span="16"><div class="grid-content bg-purple"></div></el-col>
    <el-col :span="4"><div class="grid-content bg-purple"></div></el-col>
  </el-row>
    <el-row :gutter="20">
    <el-col :span="6"><div class="grid-content bg-purple"></div></el-col>
    <el-col :span="6" :offset="6"
      ><div class="grid-content bg-purple"></div
    ></el-col>
  </el-row>
  <el-row :gutter="20">
    <el-col :span="6" :offset="6"
      ><div class="grid-content bg-purple"></div
    ></el-col>
    <el-col :span="6" :offset="6"
      ><div class="grid-content bg-purple"></div
    ></el-col>
  </el-row>
  <el-row :gutter="20">
    <el-col :span="12" :offset="6"
      ><div class="grid-content bg-purple"></div
    ></el-col>
  </el-row>
</template>
<style>
  .el-row {
    margin-bottom: 20px;
    &:last-child {
      margin-bottom: 0;
    }
```

```
  }
  .el-col {
    border-radius: 4px;
  }
  .bg-purple-dark {
    background: #5555ff;
  }
  .bg-purple {
    background: #95e6ba;
  }
  .bg-purple-light {
    background: #f29a84;
  }
  .grid-content {
    border-radius: 4px;
    min-height: 36px;
  }
  .row-bg {
    padding: 10px 0;
    background-color: #f9fafc;
  }
</style>
```

在Chrome浏览器中运行程序，效果如图10-9所示。

图 10-9　自由组合布局

10.3.2　布局容器

通过使用布局容器组件可以快速搭建页面的基本结构。常用的布局容器组件如下。

（1）<el-container>：外层容器。当子元素中包含<el-header>或<el-footer>时，全部子元素会垂直上下排列，否则会水平左右排列。

（2）<el-header>：顶栏容器。

（3）<el-aside>：侧边栏容器。

（4）<el-main>：主要区域容器。

（5）<el-footer>：底栏容器。

【例10.8】 使用布局容器组件（源代码\ch10\10.8.vue）

```html
<template>
<div class="common-layout">
  <el-container>
    <el-header>顶栏</el-header>
    <el-container>
      <el-aside width="200px">侧边栏</el-aside>
      <el-container>
        <el-main>主要区域</el-main>
        <el-footer>底栏</el-footer>
      </el-container>
    </el-container>
  </el-container>
</div>
</template>
<style>
.el-header,
 .el-footer {
   background-color: #55aa7f;
   color: var(--el-text-color-primary);
   text-align: center;
   line-height: 60px;
  }
 .el-aside {
   background-color: #f4ffaa;
   color: var(--el-text-color-primary);
   text-align: center;
   line-height: 200px;
  }
 .el-main {
   background-color: #e9eef3;
   color: var(--el-text-color-primary);
   text-align: center;
   line-height: 160px;
  }
 body > .el-container {
   margin-bottom: 40px;
  }
 .el-container:nth-child(5) .el-aside,
 .el-container:nth-child(6) .el-aside {
   line-height: 260px;
  }
 .el-container:nth-child(7) .el-aside {
   line-height: 320px;
```

```
    }
</style>
```

在Chrome浏览器中运行程序，效果如图10-10所示。

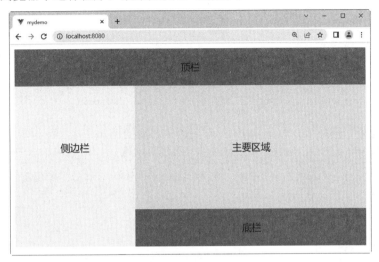

图 10-10　使用布局容器组件

10.4　表单类组件

在网页中，表单的作用比较重要，主要负责采集浏览者的相关数据。本节将学习表单类组件的使用方法。

10.4.1　单选框

通过使用el-radio组件可以实现单选框效果，这里需要设置v-model绑定变量。单选框的常用设置方法如下：

（1）如果需要将单选框设置为禁用，可以将disabled属性设置为true。

（2）如果需要设置单选框组，可以结合el-radio-group元素和子元素el-radio来实现。

（3）如果想要设计按钮样式的单选框，只需要把el-radio元素换成el-radio-button元素即可。

（4）如果需要设置单选框的边框，可以添加border属性。

【例10.9】　使用单选框组件（源代码\ch10\10.9.vue）

```
<template>
<div>
    <el-radio v-model="radio1" label="1">销售部</el-radio>
    <el-radio v-model="radio1" label="2" border>设计部</el-radio>
    <el-radio disabled v-model="radio" label="选中且禁用">财务部</el-radio>
</div>
```

```
    <div>
      <el-radio-group v-model="radio2">
        <el-radio :label="1">销售部</el-radio>
        <el-radio :label="2">设计部</el-radio>
        <el-radio :label="3">财务部</el-radio>
      </el-radio-group>
    </div>
    <el-radio-group v-model="radio3">
      <el-radio-button label="销售部"></el-radio-button>
      <el-radio-button label="设计部"></el-radio-button>
      <el-radio-button label="财务部"></el-radio-button>
    </el-radio-group>
</template>
<script>
  export default {
    data() {
      return {
        radio1: '1',
        radio: '选中且禁用',
        radio2: 2,
        radio3: "设计部",
      }
    },
  }
</script>
```

在Chrome浏览器中运行程序，效果如图10-11所示。

图 10-11　使用单选框组件

10.4.2　复选框

通过使用el-checkbox组件可以实现复选框效果，这里需要设置v-model绑定变量。复选框的常用设置方法如下：

（1）如果需要将复选框设置为禁用，添加disabled属性即可。

（2）如果需要设置复选框组，可以结合el-checkbox-group元素和子元素el-checkbox来实现。

（3）如果需要设计按钮样式的复选框，只需要把el-checkbox元素换成el-checkbox-button元素即可。

（4）如果需要设置复选框的边框，可以添加border属性。

（5）如果需要实现复选框的全选效果，可以添加indeterminate属性。

（6）如果需要限制可以选择的项目数量，可以添加min或max属性。

【例10.10】　使用复选框组件（源代码\ch10\10.10.vue）

```
<template>
  <div>
    <el-checkbox v-model="checked1" label="洗衣机"></el-checkbox>
    <el-checkbox v-model="checked2" label="冰箱" border></el-checkbox>
    <el-checkbox v-model="checked3" label="电视机"></el-checkbox>
  </div>
    <el-checkbox-group v-model="checkList">
      <el-checkbox label="洗衣机"></el-checkbox>
      <el-checkbox label="冰箱"></el-checkbox>
      <el-checkbox label="禁用" disabled></el-checkbox>
    </el-checkbox-group>
    <el-checkbox-group v-model="checkList">
      <el-checkbox-button label="洗衣机"></el-checkbox-button>
      <el-checkbox-button label="冰箱"></el-checkbox-button>
      <el-checkbox-button label="电视机"></el-checkbox-button>
    </el-checkbox-group>
    <el-checkbox
      :indeterminate="isIndeterminate"
      v-model="checkAll"
      @change="handleCheckAllChange"
      >全选</el-checkbox
    >
    <el-checkbox-group
      v-model="checkedCities"
      @change="handleCheckedCitiesChange"
    >
      <el-checkbox v-for="city in cities" :label="city" :key="city"
        >{{city}}</el-checkbox
      >
    </el-checkbox-group>
</template>
<script>
  const cityOptions = ['上海', '北京', '广州', '深圳']
  export default {
    data() {
      return {
        checked1: true,
        checked2: false,
        checked3: false,
        checkAll: false,
        checkedCities: ['上海', '北京'],
        cities: cityOptions,
        isIndeterminate: true,
      }
```

```
        },
        methods: {
          handleCheckAllChange(val) {
            this.checkedCities = val ? cityOptions : []
            this.isIndeterminate = false
          },
          handleCheckedCitiesChange(value) {
            let checkedCount = value.length
            this.checkAll = checkedCount === this.cities.length
            this.isIndeterminate =
              checkedCount > 0 && checkedCount < this.cities.length
          },
        },
      }
  </script>
```

在Chrome浏览器中运行程序，效果如图10-12所示。

图 10-12　使用复选框组件

10.4.3　标准输入框组件

通过使用el-input组件可以实现标准输入框效果。标准输入框的常用设置方法如下：

（1）如果需要将标准输入框设置为禁用，添加disabled属性即可。

（2）使用clearable属性即可得到一个可清空的输入框。

（3）使用show-password属性即可得到一个可切换显示/隐藏的密码框。

（4）通过将type属性的值指定为textarea，可以设置多行文本信息输入框。

【例10.11】　使用输入框组件（源代码\ch10\10.11.vue）

```
<template>
  <el-input v-model="input" placeholder="请输入内容"></el-input>
  <el-input placeholder="请输入内容" v-model="input" :disabled="true"> </el-input>
  <el-input placeholder="请输入内容" v-model="input" clearable> </el-input>
  <el-input placeholder="请输入密码" v-model="input" show-password></el-input>
```

```
      <el-input type="textarea" :rows="2" placeholder="请输入内容" v-model="textarea">
</el-input>
    </template>
    <script>
      import { defineComponent, ref } from 'vue'
      export default defineComponent({
        setup() {
          return {
            input: ref(''),
            textarea: ref(''),
          }
        },
      })
    </script>
```

在Chrome浏览器中运行程序，效果如图10-13所示。

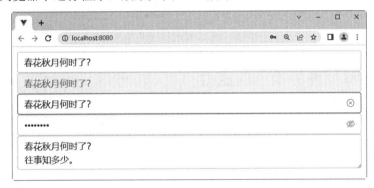

图 10-13　使用标准输入框组件

使用slot可以在输入框的前后添加标签或按钮组件，从而设计复合型输入框。

【例10.12】　设计复合型输入框（源代码\ch10\10.12.vue）

```
    <template>
      <el-input v-model="input" placeholder="请输入内容"></el-input>
      <el-input placeholder="请输入内容" v-model="input" :disabled="true"> </el-input>
      <el-input placeholder="请输入内容" v-model="input" clearable> </el-input>
      <el-input placeholder="请输入密码" v-model="input" show-password></el-input>
      <el-input type="textarea" :rows="2" placeholder="请输入内容" v-model="textarea">
</el-input>
    </template>
    <script>
      import { defineComponent, ref } from 'vue'
      export default defineComponent({
        setup() {
          return {
            input: ref(''),
            textarea: ref(''),
          }
        },
```

```
  })
</script>
```

在Chrome浏览器中运行程序，效果如图10-14所示。

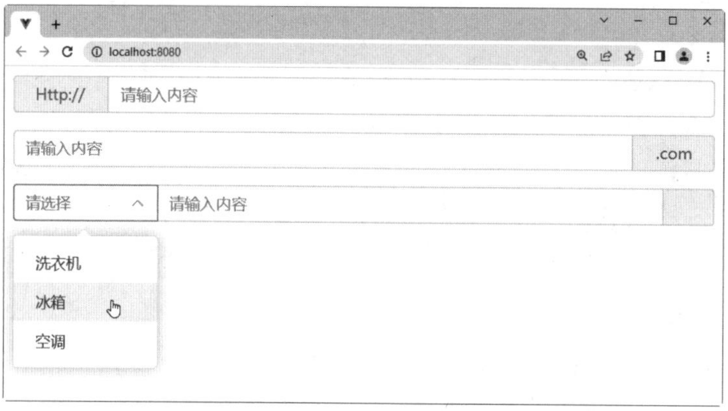

图 10-14　　复合型输入框

10.4.4　带推荐列表的输入框组件

使用el-autocomplete组件可以实现一个带推荐列表的输入框组件。fetch-suggestions是一个返回推荐列表的方法属性。例如querySearch (queryString, cb)，推荐列表的数据可以通过cb(data)返回el-autocomplete组件中。

【例10.13】　设计带推荐列表的输入框组件（源代码\ch10\10.13.vue）

```
<template>
  <el-row class="demo-autocomplete">
  <el-col :span="6">
    <div class="sub-title">激活即列出输入建议</div>
    <el-autocomplete
      class="inline-input"
      v-model="state1"
      :fetch-suggestions="querySearch"
      placeholder="请输入内容"
      @select="handleSelect"
    ></el-autocomplete>
  </el-col>
</el-row>
</template>
<script>
  import { defineComponent, ref, onMounted } from 'vue'
  export default defineComponent({
    setup() {
      const restaurants = ref([])
      const querySearch = (queryString, cb) => {
        var results = queryString
          ? restaurants.value.filter(createFilter(queryString))
```

```
        : restaurants.value
      // 调用 callback 返回建议列表的数据
      cb(results)
    }
    const createFilter = (queryString) => {
      return (restaurant) => {
        return (
          restaurant.value
            .toLowerCase()
            .indexOf(queryString.toLowerCase()) === 0
        )
      }
    }
    const loadAll = () => {
      return [
        { value: '洗衣机A' },
        { value: '洗衣机B'},
        { value: '洗衣机C'},
        { value: '冰箱A'},
        {value: '冰箱B',},
        { value: '冰箱C'},
        { value: '电视机A'},
        { value: '电视机B'},
        { value: '电视机C'},
        { value: '空调A'},
        { value: '空调B'},
        { value: '空调C'},
      ]
    }
    const handleSelect = (item) => {
      console.log(item)
    }
    onMounted(() => {
      restaurants.value = loadAll()
    })
    return {
      restaurants,
      state1: ref(''),
      state2: ref(''),
      querySearch,
      createFilter,
      loadAll,
      handleSelect,
    }
  },
})
</script>
```

在Chrome浏览器中运行程序，效果如图10-15所示。

图 10-15　带推荐列表的输入框组件

10.4.5　数字输入框

数字输入框也被称为计数器，这里只能输入标准的数字值。通过使用el-input-number组件即可实现数字输入框。数字输入框的常用设置方法如下：

（1）如果需要将数字输入框设置为禁用，添加disabled属性即可。

（2）如果需要控制数值在某一范围内，可以设置min属性和max属性，不设置min和max时，最小值为0。

（3）设置step属性可以控制数字输入框的步长。

（4）step-strictly属性接受一个Boolean。如果这个属性被设置为true，则只能输入步数的倍数。

（5）设置precision属性可以控制数值精度。

（6）设置controls-position属性可以控制按钮位置。

【例10.14】　使用数字输入框组件（源代码\ch10\10.14.vue）

```
<template>
    <el-input-number v-model="num1" @change="handleChange" :min="1" :max="10"
label="数字输入框"></el-input-number>
    <el-input-number v-model="num2" :disabled="true"></el-input-number>
    <el-input-number v-model="num3" :step="2"></el-input-number>
    <el-input-number v-model="num4" :step="2" step-strictly></el-input-number>
    <el-input-number v-model="num5" :precision="2" :step="0.1" :max="10" >
</el-input-number>
    <el-input-number v-model="num6" controls-position="right" @change=
"handleChange" :min="1" :max="10" ></el-input-number>
</template>
<script>
  export default {
    data() {
      return {
        num1: 1,
```

```
      num2: 1,
      num3: 1,
      num4: 1,
      num5: 1,
      num6: 1,
    }
  },
  methods: {
    handleChange(value) {
      console.log(value)
    },
  },
}
</script>
```

在Chrome浏览器中运行程序，效果如图10-16所示。

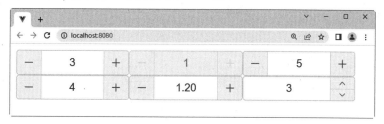

图 10-16　使用数字输入框组件

10.4.6　选择列表

通过使用el-select组件即可实现选择列表。选择列表的常用设置方法如下：

（1）在选择列表中，设置disabled值为true，即可禁用该选项。

（2）在单选列表中，添加clearable属性，即可为选项添加清空按钮效果。

【例10.15】　使用选择列表组件（源代码\ch10\10.15.vue）

```
<template>
  <el-select v-model="value" clearable placeholder="请选择">
    <el-option
      v-for="item in options"
      :key="item.value"
      :label="item.label"
      :value="item.value"
      :disabled="item.disabled"
    >
    </el-option>
  </el-select>
</template>
<script>
export default {
  data() {
```

```
    return {
      options: [
        {
          value: '选项1',
          label: '洗衣机',
        },
        {
          value: '选项2',
          label: '冰箱',
        },
        {
          value: '选项3',
          label: '空调',
          disabled: true,
        },
        {
          value: '选项4',
          label: '电视机',
        },
        {
          value: '选项5',
          label: '电磁炉',
        },
      ],
      value: '',
    }
  },
  }
</script>
```

在Chrome浏览器中运行程序，效果如图10-17所示。

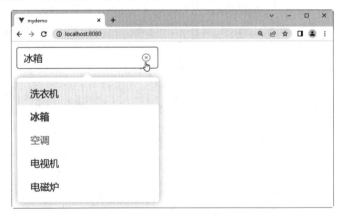

图 10-17   使用选择列表组件

使用el-option-group可以对列表选项进行分组，其中label属性为分组名。为选择列表组件设置multiple属性即可启用多选列表效果，此时v-model的值为当前选中值所组成的数组。

【例10.16】　设计分组多选列表（源代码\ch10\10.16.vue）

```
<template>
  <el-select v-model="value" multiple placeholder="请选择">
    <el-option-group
      v-for="group in options"
      :key="group.label"
      :label="group.label"
    >
      <el-option
        v-for="item in group.options"
        :key="item.value"
        :label="item.label"
        :value="item.value"
      >
      </el-option>
    </el-option-group>
  </el-select>
</template>
<script>
  export default {
    data() {
      return {
        options: [
          {
            label: '蔬菜',
            options: [
              {
                value: 'bocai',
                label: '菠菜',
              },
              {
                value: 'xihongshi',
                label: '西红柿',
              },
            ],
          },
          {
            label: '水果',
            options: [
              {
                value: 'pingguo',
                label: '苹果',
              },
              {
                value: 'xiangjiao',
                label: '香蕉',
              },
            ],
          },
        ],
```

```
        value: '',
      }
    },
  }
</script>
```

在Chrome浏览器中运行程序，效果如图10-18所示。

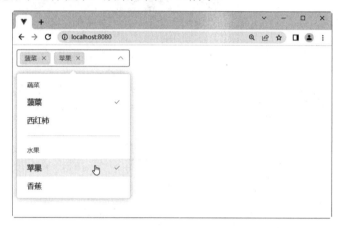

图 10-18　分组多选列表效果

10.4.7　多级列表组件

使用el-cascader组件可以设计多级列表效果。添加clearable属性，即可为选项添加清空按钮效果。

【例10.17】　使用多级列表组件（源代码\ch10\10.17.vue）

```
<template>
<div class="block">
  <span class="demonstration">多级列表菜单</span>
  <el-cascader v-model="value" :options="options" :props="props"
@change="handleChange"  clearable></el-cascader>
</div>
</template>
<script>
  export default {
    data() {
      return {
        value: [],
        props: { expandTrigger: 'hover' },
        options: [
          {
            value: 'shuiguo',
            label: '水果',
            children: [
              {
```

```
              value: 'pingguo',
              label: '苹果',
            },
            {
              value: 'xiangjiao',
              label: '香蕉',
            },
          ],
        },
        {
          value: 'shucai',
          label: '蔬菜',
          children: [
            {
              value: 'bocai',
              label: '菠菜',
            },
            {
              value: 'xihongshi',
              label: '西红柿',
            },
          ],
        },
      ],
    }
  },
  methods: {
    handleChange(value) {
      console.log(value)
    },
  },
}
</script>
```

在Chrome浏览器中运行程序，效果如图10-19所示。

图 10-19　使用多级列表组件

10.5   开关与滑块组件

开关组件和滑块组件是非常常用的，下面将讲述它们的使用方法和技巧。

10.5.1   开关组件

开关组件el-switch表示两种相互对立的状态间的切换。开关组件的常用属性如下：

（1）使用active-color属性与inactive-color属性来设置开关的背景色。

（2）使用active-text属性与inactive-text属性来设置开关的文字描述。

（3）设置disabled属性，接受一个Boolean，设置为true即可禁用。

（4）设置loading属性，接受一个Boolean，设置为true即加载中状态。

【例10.18】   使用开关组件（源代码\ch10\10.18.vue）

```
<template>
  <el-switch v-model="value1" active-text="打开" inactive-text="关闭"></el-switch>
  <el-switch style="display: block" v-model="value2" active-color="#13ce66"
inactive-color="#ff4949"  active-text="按月付费" inactive-text="按年付费"></el-switch>
  <el-switch v-model="value3" disabled> </el-switch>
  <el-switch v-model="value4" disabled> </el-switch>
  <el-switch v-model="value5" loading> </el-switch>
  <el-switch v-model="value6" loading> </el-switch>
</template>
<script>
  export default {
    data() {
      return {
        value1: true,
        value2: true,
        value3: true,
        value4: false,
        value5: true,
        value6: false,
      }
    },
  }
</script>
```

在Chrome浏览器中运行程序，效果如图10-20所示。

图 10-20   使用开关组件

10.5.2　滑块组件

滑块组件的主要作用是通过拖动滑块在一个固定区间内选择数据。滑块组件的常见属性如下：

（1）改变step的值可以改变步长，通过设置show-stops属性可以显示间断点。

（2）设置show-input属性会在滑块的右侧显示一个输入框。

（3）设置range即可开启范围选择，此时绑定值是一个数组，其元素分别为最小边界值和最大边界值。

（4）设置vertical可使Slider变成竖向模式，此时必须设置height（高度）属性。

（5）设置marks属性可以展示标记。

【例10.19】　使用滑块组件（源代码\ch10\10.19.vue）

```
<template>
 <div class="block">
  <span class="demonstration">自定义初始值</span>
  <el-slider v-model="value1"></el-slider>
 </div>
 <div class="block">
  <span class="demonstration">隐藏提示文字</span>
  <el-slider v-model="value2" :show-tooltip="false"></el-slider>
 </div>
 <div class="block">
  <span class="demonstration">格式化 提示文字</span>
  <el-slider v-model="value3" :format-tooltip="formatTooltip"></el-slider>
 </div>
 <div class="block">
  <span class="demonstration">禁用滑块组件</span>
  <el-slider v-model="value4" disabled></el-slider>
 </div>

 <div class="block">
  <span class="demonstration">不显示间断点</span>
  <el-slider v-model="value5" :step="10"> </el-slider>
 </div>
 <div class="block">
  <span class="demonstration">显示间断点</span>
  <el-slider v-model="value6" :step="10" show-stops> </el-slider>
 </div>
 <div class="block">
  <el-slider v-model="value7" show-input> </el-slider>
 </div>
 <div class="block">
  <el-slider v-model="value8" range show-stops :max="10"> </el-slider>
 </div>
 <div class="block">
```

```
        <el-slider v-model="value9" vertical height="200px"> </el-slider>
      </div>
      <div class="block">
        <el-slider v-model="value10" range :marks="marks"> </el-slider>
      </div>
  </template>
  <script>
    export default {
      data() {
        return {
          value1: 0,
          value2: 50,
          value3: 36,
          value4: 48,
          value5: 42,
          value6: 0,
          value7: 0,
          value8: 0,
          value9: 0,
          value10: 0,
        }
      },
      methods: {
        formatTooltip(val) {
          return val / 100
        },
      },
    }
  </script>
```

在Chrome浏览器中运行程序，拖动各个滑块后的效果如图10-21所示。

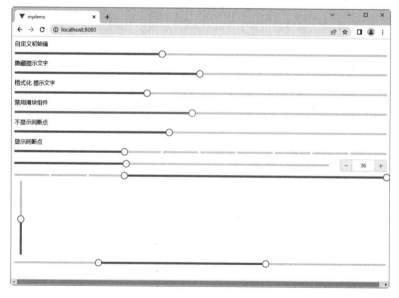

图 10-21　使用滑块组件

10.6　选择器组件

在网站开发中，经常使用的选择器组件包括时间选择器、日期选择器和颜色选择器。本节将详细讲述它们的使用方法和技巧。

10.6.1　时间选择器

使用el-time-picker标签可以创建时间选择器组件。默认情况下，通过鼠标滚轮进行选择，打开arrow-control属性则通过界面上的箭头进行选择。添加is-range属性即可选择时间范围。

【例10.20】　使用时间选择器组件（源代码\ch10\10.20.vue）

```
<template>
  <el-time-picker
    is-range
    arrow-control
    v-model="value1"
    range-separator="至"
    start-placeholder="开始时间"
    end-placeholder="结束时间"
    placeholder="选择时间范围"
  >
  </el-time-picker>
</template>
<script>
export default {
  data() {
    return {
      value1: [new Date(2024, 9, 10, 8, 40), new Date(2024, 9, 10, 9, 40)],
    }
  },
}
</script>
```

在Chrome浏览器中运行程序，效果如图10-22所示。

使用el-time-select标签创建固定时间点选择器，分别通过start、end和step指定可选的起始时间、结束时间和步长。选择固定时间不仅可以选择开始时间，还可以选择结束时间。

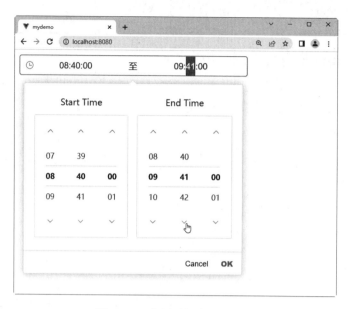

图 10-22　使用时间选择器组件

【例10.21】　设计固定时间点选择器（源代码\ch10\10.21.vue）

```
<template>
  <el-time-picker
    is-range
    arrow-control
    v-model="value1"
    range-separator="至"
    start-placeholder="开始时间"
    end-placeholder="结束时间"
    placeholder="选择时间范围"
  >
  </el-time-picker>
</template>
<script>
  export default {
    data() {
      return {
        value1: [new Date(2024, 9, 10, 8, 40), new Date(2024, 9, 10, 9, 40)],
      }
    },
  }
</script>
```

在Chrome浏览器中运行程序，效果如图10-23所示。

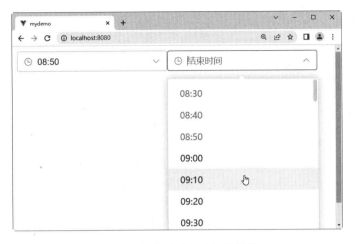

图 10-23　使用时间选择器组件

10.6.2　日期选择器

日期选择器的基本单位由type属性来设置。通过shortcuts配置快捷选项，禁用日期通过属性disabledDate来设置。

【例10.22】　使用日期选择器组件（源代码\ch10\10.22.vue）

```
<template>
 <div class="container">
 <div class="block">
  <span class="demonstration">周</span>
  <el-date-picker
    v-model="value1"
    type="week"
    format="gggg 第 ww 周"
    placeholder="选择周"
  >
  </el-date-picker>
 </div>
 <div class="block">
  <span class="demonstration">月</span>
  <el-date-picker v-model="value2" type="month" placeholder="选择月">
  </el-date-picker>
 </div>
</div>
<div class="container">
 <div class="block">
  <span class="demonstration">年</span>
  <el-date-picker v-model="value3" type="year" placeholder="选择年">
  </el-date-picker>
 </div>
 <div class="block">
  <span class="demonstration">多个日期</span>
```

```
    <el-date-picker
      type="dates"
      v-model="value4"
      placeholder="选择一个或多个日期"
    >
    </el-date-picker>
  </div>
</div>
</template>
<script>
  export default {
    data() {
      return {
        value1: '',
        value2: '',
        value3: '',
        value4: '',
      }
    },
  }
</script>
```

在Chrome浏览器中运行程序，效果如图10-24所示。

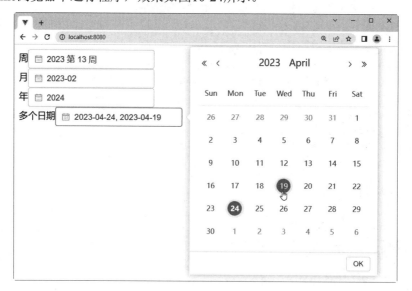

图 10-24　使用日期选择器组件

10.6.3　颜色选择器

颜色选择器用于选择颜色，支持多种格式。它使用v-model与Vue.js实例中的一个变量进行双向绑定，绑定的变量需要是字符串类型。颜色选择器支持带Alpha通道的颜色，通过show-alpha属性即可控制是否支持透明度的选择。示例代码如例10.23所示。

【例10.23】　使用颜色选择器组件（源代码\ch10\10.23.vue）

```
<template>
  <el-color-picker v-model="color" show-alpha></el-color-picker>
</template>
<script>
  export default {
    data() {
      return {
        color: 'rgba(19, 206, 102, 0.8)',
      }
    },
  }
</script>
```

在Chrome浏览器中运行程序，效果如图10-25所示。

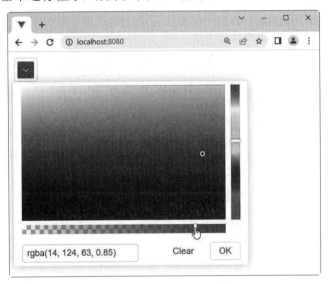

图 10-25　使用颜色选择器组件

10.7　提示类组件

提示类组件主要包括警告组件、消息组件和通知组件。本节将详细学习这三个提示类组件的使用方法。

10.7.1　警告组件

警告组件用于在页面中展示重要的提示信息。警告组件提供4种类型，由type属性来设置。其他常见的属性如下：

（1）设置effect属性来改变主题，包括两个不同的主题：light和dark，默认为light。

（2）通过close-text属性来设置警告组件右侧的关闭文字。

（3）使用center属性可以让文字水平居中。

（4）设置description属性可以添加辅助性文字。

【例10.24】　　**使用警告组件**（源代码\ch10\10.24.vue）

```
<template>
  <el-alert title="成功提示的文案" type="success"> </el-alert>
  <el-alert title="消息提示的文案" type="info" effect="dark"> </el-alert>
  <el-alert title="警告提示的文案" type="warning" center> </el-alert>
  <el-alert title="错误提示的文案" type="error" close-text="关闭"> </el-alert>
  <el-alert
      title="古诗介绍"
      type="success"
      description="古诗是古代中国诗歌的泛称，指古代中国人创作的诗歌作品。广义的古诗包括诗、词、
散曲，狭义的古诗仅指诗，包括古体诗和近体诗……"
      >
  </el-alert>
</template>
<script>
  import { defineComponent } from 'vue'
  export default defineComponent({
    setup() {
      const hello = () => {
        alert('Hello World!')
      }
      return {
        hello,
      }
    },
  })
</script>
```

在Chrome浏览器中运行程序，效果如图10-26所示。

图 10-26　使用警告组件

10.7.2　通知组件

通知组件提供通知功能。该组件通过$notify方法接收一个options参数。常见的属性如下：

（1）通过使用title字段和message字段可以设置通知组件的标题和正文。

（2）默认情况下，经过一段时间后通知组件会自动关闭。通过设置duration属性可以控制关闭的时间间隔。如果设置duration属性为0毫秒，则不会自动关闭。

（3）使用position属性可以定义通知组件的弹出位置。常见的选项值包括top-right、top-left、bottom-right、bottom-left，默认值为top-right。

（4）通过设置offset属性可以设置弹出的通知消息距屏幕边缘的距离。

【例10.25】　使用通知组件（源代码\ch10\10.25.vue）

```
<template>
 <el-button plain @click="open1"> 可自动关闭 </el-button>
 <el-button plain @click="open2"> 不会自动关闭 </el-button>
 <el-button plain @click="open3"> 左下角 </el-button>
 <el-button plain @click="open4"> 偏移的消息 </el-button>
</template>
<script>
 import { h } from 'vue'
 export default {
  methods: {
    open1() {
      this.$notify({
        title: '提示标题',
        message: h(
          'i',
          { style: 'color: teal' },
          '这是提示的内容！'
        ),
      })
    },
    open2() {
      this.$notify({
        title: '提示',
        message: '这是一条不会自动关闭的消息',
        duration: 0,
      })
    },
    open3() {
        this.$notify({
          title: '自定义位置',
          message: '左下角弹出的消息',
          position: 'bottom-left',
        })
      },
        open4() {
```

```
            this.$notify({
                title: '偏移',
                message: '这是一条带有偏移的提示消息',
                offset: 100,
            })
        },
    },
    }
</script>
```

在Chrome浏览器中运行程序，各个通知的效果如图10-27所示。

图 10-27　使用通知组件

10.7.3　消息提示组件

消息提示组件常用于主动操作后的反馈提示。一个$message方法用于调用，消息提示组件可以接收一个字符串作为参数，它会被显示为正文内容。当需要自定义更多属性时，消息提示组件也可以接收一个对象为参数。

【例10.26】　使用消息提示组件（源代码\ch10\10.26.vue）

```
<template>
  <el-button :plain="true" @click="open1">成功</el-button>
  <el-button :plain="true" @click="open2">警告</el-button>
  <el-button :plain="true" @click="open3">消息</el-button>
  <el-button :plain="true" @click="open4">错误</el-button>
</template>
<script>
  import { defineComponent } from 'vue'
  import { ElMessage } from 'element-plus'
  export default defineComponent({
    setup() {
      return {
        open1() {
          ElMessage.success({
            message: '恭喜你，这是一条成功消息',
```

```
          type: 'success',
        })
      },
      open2() {
        ElMessage.warning({
          message: '警告哦，这是一条警告消息',
          type: 'warning',
        })
      },
      open3() {
        ElMessage('这是一条消息提示')
      },
      open4() {
        ElMessage.error('错了哦，这是一条错误消息')
      },
    }
  },
})
</script>
```

在Chrome浏览器中运行程序，效果如图10-28所示。

图 10-28　使用消息提示组件

10.8　数据承载相关组件

常用的数据承载组件包括表格组件、导航菜单组件、标签页组件和抽屉组件。本节将详细讲述这些组件的使用方法和技巧。

10.8.1　表格组件

表格组件用于展示多条结构类似的数据，可对数据进行排序或其他自定义操作。常用的属性如下：

（1）当el-table元素中添加data对象数组后，在el-table-column中用prop属性来对应对象中的键名，用label属性来定义表格的列名，用width属性来定义列宽。

（2）stripe属性可以创建带斑马纹的表格。

（3）通过设置max-height属性为表格设置最大高度。

（4）使用border属性可以为表格添加边框效果。

（5）设置sortable属性即可实现以某列为基准的排序效果。

【例10.27】　使用表格组件（源代码\ch10\10.27.vue）

```html
<template>
  <el-table :data="tableData" border stripe style="width: 100%">
    <el-table-column prop="date" label="日期" sortable width="150">
</el-table-column>
    <el-table-column label="配送信息">
      <el-table-column prop="name" label="姓名" width="120"> </el-table-column>
      <el-table-column label="地址">
        <el-table-column prop="province" label="省份" width="120">
        </el-table-column>
        <el-table-column prop="city" label="市区" width="120">
        </el-table-column>
        <el-table-column prop="address" label="地址"> </el-table-column>
        <el-table-column prop="zip" label="邮编" width="120"> </el-table-column>
      </el-table-column>
    </el-table-column>
  </el-table>
</template>
<script>
export default {
  data() {
    return {
      tableData: [
        {
          date: '2023-05-03',
          name: '刘晓明',
          province: '上海',
          city: '普陀区',
          address: '上海市普陀区金沙江路 1518 号',
          zip: 200333,
        },
        {
          date: '2023-05-02',
          name: '王大风',
          province: '北京',
          city: '海淀区',
          address: '北京市海淀区江上路 1008号',
          zip: 100080,
        },
        {
          date: '2023-05-04',
          name: '张三丰',
          province: '上海',
```

```
            city: '普陀区',
            address: '上海市普陀区金沙江路 1518 号',
            zip: 200333,
          },
          {
            date: '2023-05-01',
            name: '李晓晓',
            province: '北京',
            city: '海淀区',
            address: '北京市海淀区江上路 1008号',
            zip: 100080,
          },
          {
            date: '2023-05-08',
            name: '秦明月',
            province: '上海',
            city: '普陀区',
            address: '上海市普陀区金沙江路 1518 号',
            zip: 200333,
          },
          {
            date: '2023-05-06',
            name: '王小龙',
            province: '上海',
            city: '普陀区',
            address: '上海市普陀区金沙江路 1518 号',
            zip: 200333,
          },
        ],
      }
    },
    methods: {
      formatter(row, column) {
        return row.address
      },
    },
  }
</script>
```

在Chrome浏览器中运行程序，效果如图10-29所示。

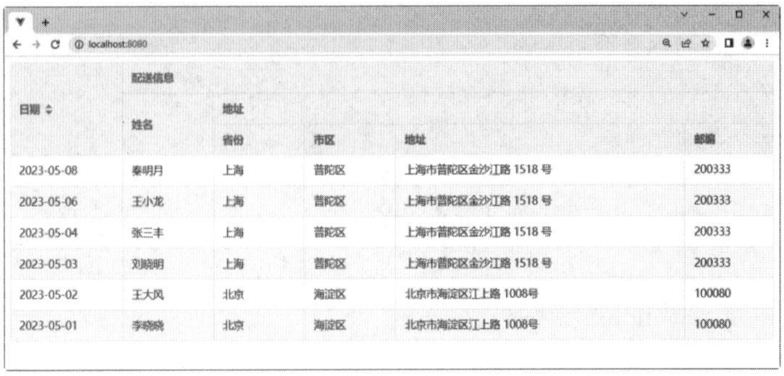

日期 ⇕	配送信息				
	姓名	地址			邮编
		省份	市区	地址	
2023-05-08	秦明月	上海	普陀区	上海市普陀区金沙江路 1518 号	200333
2023-05-06	王小龙	上海	普陀区	上海市普陀区金沙江路 1518 号	200333
2023-05-04	张三丰	上海	普陀区	上海市普陀区金沙江路 1518 号	200333
2023-05-03	刘晓明	上海	普陀区	上海市普陀区金沙江路 1518 号	200333
2023-05-02	王大风	北京	海淀区	北京市海淀区江上路 1008号	100080
2023-05-01	李晓晓	北京	海淀区	北京市海淀区江上路 1008号	100080

图 10-29　使用表格组件

10.8.2　导航菜单组件

导航菜单组件为网站提供导航功能的菜单。导航菜单默认为垂直模式，通过mode属性可以使导航菜单变更为水平模式。在菜单中通过sub-menu组件可以生成二级菜单。Menu 还提供了background-color、text-color和active-text-color，分别用于设置菜单的背景色、菜单的文字颜色和当前激活菜单的文字颜色。

【例10.28】 使用导航菜单组件（源代码\ch10\10.28.vue）

```
<template>
  <el-row class="tac">
  <el-col :span="12">
    <h5>默认颜色</h5>
    <el-menu
      default-active="2"
      class="el-menu-vertical-demo"
      @open="handleOpen"
      @close="handleClose"
    >
      <el-sub-menu index="1">
        <template #title>
          <i class="el-icon-location"></i>
          <span>导航一</span>
        </template>
        <el-menu-item-group>
          <template #title>分组一</template>
          <el-menu-item index="1-1">选项1</el-menu-item>
          <el-menu-item index="1-2">选项2</el-menu-item>
        </el-menu-item-group>
        <el-menu-item-group title="分组2">
          <el-menu-item index="1-3">选项3</el-menu-item>
        </el-menu-item-group>
        <el-sub-menu index="1-4">
          <template #title>选项4</template>
          <el-menu-item index="1-4-1">选项1</el-menu-item>
        </el-sub-menu>
      </el-sub-menu>
      <el-menu-item index="2">
        <i class="el-icon-menu"></i>
        <template #title>导航二</template>
      </el-menu-item>
      <el-menu-item index="3" disabled>
        <i class="el-icon-document"></i>
        <template #title>导航三</template>
      </el-menu-item>
      <el-menu-item index="4">
        <i class="el-icon-setting"></i>
        <template #title>导航四</template>
      </el-menu-item>
```

```
    </el-menu>
  </el-col>
  <el-col :span="12">
    <h5>自定义颜色</h5>
    <el-menu
      :uniqueOpened="true"
      default-active="2"
      class="el-menu-vertical-demo"
      @open="handleOpen"
      @close="handleClose"
      background-color="#545c64"
      text-color="#fff"
      active-text-color="#ffd04b"
    >
      <el-sub-menu index="1">
        <template #title>
          <i class="el-icon-location"></i>
          <span>导航一</span>
        </template>
        <el-menu-item-group>
          <template #title>分组一</template>
          <el-menu-item index="1-1">选项1</el-menu-item>
          <el-menu-item index="1-2">选项2</el-menu-item>
        </el-menu-item-group>
        <el-menu-item-group title="分组2">
          <el-menu-item index="1-3">选项3</el-menu-item>
        </el-menu-item-group>
        <el-sub-menu index="1-4">
          <template #title>选项4</template>
          <el-menu-item index="1-4-1">选项1</el-menu-item>
        </el-sub-menu>
      </el-sub-menu>
      <el-menu-item index="2">
        <i class="el-icon-menu"></i>
        <template #title>导航二</template>
      </el-menu-item>
      <el-menu-item index="3" disabled>
        <i class="el-icon-document"></i>
        <template #title>导航三</template>
      </el-menu-item>
      <el-menu-item index="4">
        <i class="el-icon-setting"></i>
        <template #title>导航四</template>
      </el-menu-item>
      <el-sub-menu index="5">
        <template #title>
          <i class="el-icon-location"></i>
          <span>导航一</span>
        </template>
        <el-menu-item-group>
          <template #title>分组一</template>
```

```
          <el-menu-item index="5-1">选项1</el-menu-item>
          <el-menu-item index="5-2">选项2</el-menu-item>
        </el-menu-item-group>
        <el-menu-item-group title="分组2">
          <el-menu-item index="5-3">选项3</el-menu-item>
        </el-menu-item-group>
      </el-sub-menu>
    </el-menu>
  </el-col>
</el-row>
</template>

<script>
  export default {
    methods: {
      handleOpen(key, keyPath) {
        console.log(key, keyPath)
      },
      handleClose(key, keyPath) {
        console.log(key, keyPath)
      },
    },
  }
</script>
```

在Chrome浏览器中运行程序，效果如图10-30所示。

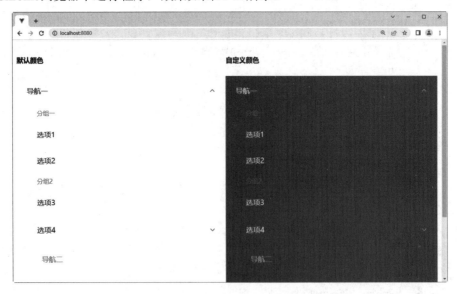

图 10-30　使用导航菜单组件

10.8.3　标签页组件

标签页组件用于标记和选择网页元素。常见的属性如下：

（1）由type属性来选择标签页的类型，也可以通过color属性来自定义背景色。

（2）设置closable属性可以定义一个标签是否可移除。

（3）标签页组件提供了三个不同的主题：dark、light和plain。

【例10.29】　使用标签页组件（源代码\ch10\10.29.vue）

```
<template>
  <div class="tag-group">
    <span class="tag-group__title">Dark</span>
    <el-tag
      v-for="item in items"
      :key="item.label" closable
      :type="item.type"
      effect="dark"
    >
      {{ item.label }}
    </el-tag>
      <el-tag v-for="tag in tags" :key="tag.name" closable :type="tag.type">
        {{tag.name}}
      </el-tag>
  </div>
  <div class="tag-group">
    <span class="tag-group__title">Plain</span>
    <el-tag
      v-for="item in items"
      :key="item.label"
      :type="item.type"
      effect="plain"
    >
      {{ item.label }}
    </el-tag>
  </div>
</template>
<script>
  export default {
    data() {
      return {
        items: [
          { type: '', label: '标签一' },
          { type: 'success', label: '标签二' },
          { type: 'info', label: '标签三' },
          { type: 'danger', label: '标签四' },
          { type: 'warning', label: '标签五' },
        ],
      }
    },
  }
</script>
```

在Chrome浏览器中运行程序，效果如图10-31所示。

图 10-31   使用标签页组件

10.8.4   标记组件

标记组件用于设计在按钮、图标旁的数字或状态标记。常见的属性如下：

（1）定义value属性，可以显示标记的数字或状态。
（2）定义max属性，可以设置标记上数字的最大值。
（3）定义value属性为字符串类型时，可以用于显示自定义文本。
（4）设置is-dot属性，以红点的形式标注需要关注的内容。

【例10.30】   使用标记组件（源代码\ch10\10.30.vue）

```
<template>
  <el-badge :value="99" :max="99" class="item">
   <el-button size="small">评论</el-button>
  </el-badge>
  <el-badge :value="3" class="item">
   <el-button size="small">回复</el-button>
  </el-badge>
  <el-badge value="new" class="item" type="primary">
   <el-button size="small">评论</el-button>
  </el-badge>
  <el-badge :value="2" class="item" type="warning">
   <el-button size="small">回复</el-button>
  </el-badge>
   <el-badge is-dot class="item">数据查询</el-badge>
  <el-dropdown trigger="click">
   <span class="el-dropdown-link">
     点我查看<i class="el-icon-caret-bottom el-icon--right"></i>
   </span>
   <template #dropdown>
    <el-dropdown-menu>
      <el-dropdown-item class="clearfix">
       评论
       <el-badge class="mark" :value="12" />
      </el-dropdown-item>
      <el-dropdown-item class="clearfix">
       回复
       <el-badge class="mark" :value="3" />
      </el-dropdown-item>
    </el-dropdown-menu>
```

```
    </template>
  </el-dropdown>
</template>
<style>
  .item {
    margin-top: 10px;
    margin-right: 40px;
  }
</style>
```

在Chrome浏览器中运行程序，效果如图10-32所示。

图 10-32　使用标记组件

10.8.5　结果组件

结果组件用于对用户的操作结果或者异常状态做反馈。

【例10.31】　使用结果组件（源代码\ch10\10.31.vue）

```
<template>
 <el-row>
 <el-col :sm="12" :lg="6">
  <el-result icon="success" title="成功提示" subTitle="请根据提示进行操作">
    <template #extra>
      <el-button type="primary" size="medium">返回</el-button>
    </template>
  </el-result>
 </el-col>
 <el-col :sm="12" :lg="6">
  <el-result icon="warning" title="警告提示" subTitle="请根据提示进行操作">
    <template #extra>
      <el-button type="primary" size="medium">返回</el-button>
    </template>
  </el-result>
 </el-col>
 <el-col :sm="12" :lg="6">
  <el-result icon="error" title="错误提示" subTitle="请根据提示进行操作">
    <template #extra>
      <el-button type="primary" size="medium">返回</el-button>
    </template>
  </el-result>
```

```
      </el-col>
      <el-col :sm="12" :lg="6">
        <el-result icon="info" title="信息提示" subTitle="请根据提示进行操作">
          <template #extra>
            <el-button type="primary" size="medium">返回</el-button>
          </template>
        </el-result>
      </el-col>
    </el-row>
    <el-result title="404" subTitle="抱歉，请求错误">
        <template #icon>
          <el-image
            src="https://img.duoziwang.com/2018/04/240945527953.jpg" rel="external
nofollow"
          ></el-image>
        </template>
        <template #extra>
          <el-button type="primary" size="medium">返回</el-button>
        </template>
    </el-result>
  </template>
```

在Chrome浏览器中运行程序，效果如图10-33所示。

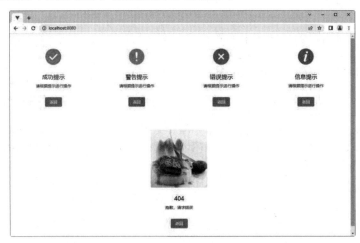

图 10-33　使用结果组件

10.8.6　抽屉组件

抽屉组件用于弹出一个临时的侧边栏。通过设置model-value属性中的title和body可以设置侧边栏的标题和内容。通过direction属性可以设置抽屉组件的弹出方向。代码如例10.32所示。

【例10.32】　使用抽屉组件（源代码\ch10\10.32.vue）

```
<template>
  <el-radio-group v-model="direction">
```

```
    <el-radio label="ltr">从左往右开</el-radio>
    <el-radio label="rtl">从右往左开</el-radio>
    <el-radio label="ttb">从上往下开</el-radio>
    <el-radio label="btt">从下往上开</el-radio>
</el-radio-group>
<el-button @click="drawer = true" type="primary" style="margin-left: 16px;">
  点我打开</el-button>
<el-drawer
  title="登飞来峰"
  v-model="drawer"
  :direction="direction"
  :before-close="handleClose"
  destroy-on-close
>
  <span>飞来山上千寻塔，闻说鸡鸣见日升。不畏浮云遮望眼，自缘身在最高层。</span>
</el-drawer>
</template>
<script>
  export default {
    data() {
      return {
        drawer: false,
        direction: 'rtl',
      }
    },
    methods: {
      handleClose(done) {
        this.$confirm('确认关闭？')
          .then((_) => {
            done()
          })
          .catch((_) => {})
      },
    },
  }
</script>
```

在Chrome浏览器中运行程序，效果如图10-34所示。

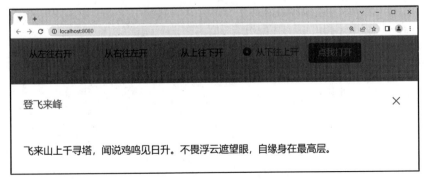

图 10-34　使用抽屉组件

10.9 案例实战——设计一个商城活动页面

综合前面所学的各个组件的知识，本节创建一个商城活动页面，代码如例10.33所示。

【例10.33】 设计一个商城活动页面（源代码\ch10\10.33.vue）

```
<template>
  <el-form
  :model="ruleForm"
  :rules="rules"
  ref="ruleForm"
  label-width="100px"
  class="demo-ruleForm"
  >
    <el-form-item label="活动名称" prop="name">
      <el-input v-model="ruleForm.name"></el-input>
    </el-form-item>
    <el-form-item label="活动区域" prop="region">
      <el-select v-model="ruleForm.region" placeholder="请选择活动区域">
        <el-option label="区域一" value="shanghai"></el-option>
        <el-option label="区域二" value="beijing"></el-option>
      </el-select>
    </el-form-item>
    <el-form-item label="活动时间" required>
      <el-col :span="11">
        <el-form-item prop="date1">
          <el-date-picker
            type="date"
            placeholder="选择日期"
            v-model="ruleForm.date1"
            style="width: 100%;"
          ></el-date-picker>
        </el-form-item>
      </el-col>
      <el-col class="line" :span="2">-</el-col>
      <el-col :span="11">
        <el-form-item prop="date2">
          <el-time-picker
            placeholder="选择时间"
            v-model="ruleForm.date2"
            style="width: 100%;"
          ></el-time-picker>
        </el-form-item>
      </el-col>
    </el-form-item>
    <el-form-item label="即时配送" prop="delivery">
      <el-switch v-model="ruleForm.delivery"></el-switch>
    </el-form-item>
```

```html
    <el-form-item label="活动性质" prop="type">
      <el-checkbox-group v-model="ruleForm.type">
        <el-checkbox label="美食/餐厅线上活动" name="type"></el-checkbox>
        <el-checkbox label="地推活动" name="type"></el-checkbox>
        <el-checkbox label="线下主题活动" name="type"></el-checkbox>
        <el-checkbox label="单纯品牌曝光" name="type"></el-checkbox>
      </el-checkbox-group>
    </el-form-item>
    <el-form-item label="特殊资源" prop="resource">
      <el-radio-group v-model="ruleForm.resource">
        <el-radio label="线上品牌商赞助"></el-radio>
        <el-radio label="线下场地免费"></el-radio>
      </el-radio-group>
    </el-form-item>
    <el-form-item label="活动详情" prop="desc">
      <el-input type="textarea" v-model="ruleForm.desc"></el-input>
    </el-form-item>
    <el-form-item>
      <el-button type="primary" @click="submitForm('ruleForm')"
        >立即创建</el-button
      >
      <el-button @click="resetForm('ruleForm')">重置</el-button>
    </el-form-item>
  </el-form>
</template>
<script>
  export default {
    data() {
      return {
        ruleForm: {
          name: '',
          region: '',
          date1: '',
          date2: '',
          delivery: false,
          type: [],
          resource: '',
          desc: '',
        },
        rules: {
          name: [
            { required: true, message: '请输入活动名称', trigger: 'blur' },
            {
              min: 3,
              max: 5,
              message: '长度在 3 到 5 个字符',
              trigger: 'blur',
            },
          ],
          region: [
            { required: true, message: '请选择活动区域', trigger: 'change' },
```

```
        ],
        date1: [
          {
            type: 'date',
            required: true,
            message: '请选择日期',
            trigger: 'change',
          },
        ],
        date2: [
          {
            type: 'date',
            required: true,
            message: '请选择时间',
            trigger: 'change',
          },
        ],
        type: [
          {
            type: 'array',
            required: true,
            message: '请至少选择一个活动性质',
            trigger: 'change',
          },
        ],
        resource: [
          { required: true, message: '请选择活动资源', trigger: 'change' },
        ],
        desc: [
          { required: true, message: '请填写活动形式', trigger: 'blur' },
        ],
      },
    }
  },
  methods: {
    submitForm(formName) {
      this.$refs[formName].validate((valid) => {
      if (valid) {
        alert('submit!')
      } else {
        console.log('error submit!!')
        return false
      }
    })
    },
    resetForm(formName) {
      this.$refs[formName].resetFields()
    },
  },
  }
</script>
```

在Chrome浏览器中运行程序，效果如图10-35所示。

图 10-35　设计一个商城活动页面

第 **11** 章

网络通信框架axios

在实际项目开发中，前端页面所需要的数据往往需要从服务器端获取，这必然涉及与服务器的通信。Vue.js推荐使用axios来完成Ajax异步通信请求。本章将学习这个流行的网络请求框架axios，它是一种对Ajax的封装，因为其功能单一，只是发送网络请求，所以容量很小。axios也可以和其他框架结合使用。本章将重点学习Vue.js是如何使用axios框架来请求数据的。

11.1　什么是 axios

在实际开发中，或多或少都会进行网络数据的交互，一般都是使用工具来完成任务。现在比较流行的就是axios库。axios是一个基于promise的HTTP库，可以用在浏览器和Node.js中。

axios具有以下特性：

（1）从浏览器中创建XMLHttpRequests。

（2）从Node.js创建HTTP请求。

（3）支持Promise API。

（4）拦截请求和响应。

（5）转换请求数据和响应数据。

（6）取消请求。

（7）自动转换JSON数据。

（8）客户端支持防御XSRF。

11.2　安装 axios

安装axios的方式有两种，即CDN方式和NPM方式，下面分别介绍一下。

1. CDN 方式

使用CDN方式安装，代码如下：

```
<script src="https://unpkg.com/axios/dist/axios.min.js"></script>
```

2. NPM 方式

如果采用模块化开发，可以使用NPM安装方式，执行下面的命令安装axios：

```
npm install axios --save
```

或者使用YARN安装，命令如下：

```
npm add axios --save
```

在Vue.js脚手架中使用axios，可以将axios结合vue-axios插件一起使用，该插件只是将axios集成到Vue.js的轻度封装，本身不能独立使用。可以使用以下命令一起安装axios和vue-axios。

```
npm install axios vue-axios
```

安装vue-axios插件后，使用方法如下：

```
import { createApp } from 'vue'
//引入axios
import axios from 'axios'
import VueAxios from 'vue-axios'
const app = createApp(App);
app.use(VueAxios,axios)        //安装插件
app.mount('#app')
```

这样配置完成后，就可以在组件中通过this.axios来调用axios的方法发送请求了。

11.3　基本用法

本节将讲解axios库的基本使用方法：JSON数据的请求、跨域请求和并发请求。

11.3.1　axios的get请求和post请求

axios有get请求和post请求两种方式。
在Vue.js脚手架中执行get请求，格式如下：

```
this.axios.get('/url?key=value&id=1')
    .then(function(response){
        // 成功时调用
     console.log(response)
    })
    .catch(function(error){
      // 错误时调用
```

```
        console.log(error)
    })
```

　　get请求接受一个URL地址，也就是请求的接口；then方法在请求响应完成时触发，其中形参代表响应的内容；catch方法在请求失败的时候触发，其中形参代表错误的信息。如果要发送数据，以查询字符串的形式附加在URL后面，以"？"分隔，数据以key=value的形式组织，不同数据之间以"&"分隔。

　　如果不喜欢URL后附加查询参数的方式，可以给get请求传递一个配置对象作为参数，在配置对象中使用params来指定要发送的数据。代码如下：

```
this.axios.get('/url',{
    params:{
      key:value,
      id:1
    }
})
.then(function (response) {
    console.log(response);
})
.catch(function (error) {
    console.log(error);
});
```

　　post请求和get请求基本一致，不同的是数据以对象的形式作为post请求的第二个参数，对象中的属性就是要发送的数据。代码如下：

```
this.axios.post('/user',{
    username:"jack",
    password:"123456"
})
.then(function(response){  // 成功时调用
    console.log(response)
})
.catch(function(error){   // 错误时调用
    console.log(error)
})
```

　　接收到响应的数据后，需要对响应的信息进行处理。例如，设置用于组件渲染或更新所需要的数据。回调函数中的response是一个对象，它的属性是data和status，data用于获取响应的数据，status是HTTP状态码。response对象的完整属性说明如下：

```
{
    //config是为请求提供的配置信息
    config:{},
    //data是服务器发回的响应数据
    data:{},
    //headers是服务器响应的消息报头
    headers:{},
    //request是生成响应的请求
    requset:{},
```

```
    //status是服务器响应的HTTP状态码
    status:200,
    //statusText是服务器响应的HTTP状态描述
    statusText:'ok',
}
```

成功响应后，获取数据的一般处理形式如下：

```
this.axios.get('http://localhost:8080/data/user.json')
    .then(function (response){
      //user属性在Vue实例的data选项中定义
      this.user=response.data;
    })
    .catch(function(error){
      console.log(error);
    })
```

如果出现错误，则会调用catch方法中的回调，并向该回调函数传递一个错误对象。错误
处理一般形式如下：

```
this.axios.get('http://localhost:8080/data/user.json')
    .catch(function(error){
        if(error.response){
          //请求已发送并接收到服务器响应，但响应的状态码不是200
          console.log(error.response.data);
          console.log(error.response.status);
          console.log(error.response.headers);
        }else if(error.response){
          //请求已发送，但未接收到响应
          console.log(error.request);
        }else{
          console.log("Error",error.message);
        }
        console.log(error.config);
    })
```

11.3.2　请求同域下的JSON数据

了解了get和post请求后，下面就来看一个使用axios请求同域下的JSON数据的示例。

首先使用Vue.js脚手架创建一个项目，这里命名为axiosdemo，配置选项保持默认即可。创
建完成之后cd到项目，然后安装axios：

```
npm install axios vue-axios
```

安装vue-axios插件后，在main.js文件中配置axios，代码如下：

```
import { createApp } from 'vue'
import axios from 'axios'    //引入axios
import VueAxios from 'vue-axios'
const app = createApp(App);
app.use(VueAxios,axios)          //安装插件
```

```
app.mount('#app')
```

完成以上步骤，在目录中的public文件夹下创建一个data文件夹，在该文件夹中创建一个JSON文件user.json。user.json内容如下：

```
[
    {
        "name": "小明",
        "pass": "123456"
    },
    {
        "name": "小红",
        "pass": "456789"
    }
]
```

提示　JSON文件必须放在public文件夹下面，若放在其他位置，则会请求不到数据。

然后在HelloWorld.vue文件中使用get请求JSON数据，其中http://localhost:8080是运行axiosdemo项目时给出的地址，data/user.json指public文件夹下的data/user.json。具体代码如下：

```
<template>
    <div class="hello"></div>
</template>
<script>
export default {
    name: 'HelloWorld',
    created() {
    this.axios.get('http://localhost:8080/data/user.json')
            .then(function (response) {
              console.log(response);
            })
            .catch(function(error){
              console.log(error);
            })
    }
}
</script>
```

在浏览器中输入http://localhost:8080运行项目，打开控制台，可以发现控制台中已经打印了user.json文件中的内容，如图11-1所示。

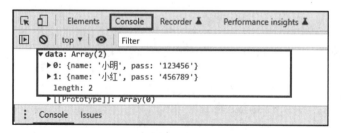

图 11-1　请求 JSON 数据

11.3.3　跨域请求数据

在11.3.2节的示例中，使用axios请求同域下面的JSON数据，而实际情况往往都是跨域请求数据。在Vue CLI中要想实现跨域请求，需要配置一些内容。首先在axiosdemo项目目录中创建一个vue.config.js文件，该文件是Vue.js脚手架项目的配置文件，在这个文件中设置反向代理：

```
module.exports = {
    devServer: {
        proxy: {
            //api是后端数据接口的路径
            '/api': {
                //后端数据接口的地址
                target: 'https://yiketianqi.com/api?version=v9&appid=
48432795&appsecret=P4p1Q3cE ',
                changeOrigin: true,      //允许跨域
                pathRewrite: {
                    '^/api': ''          //调用时用api替代根路径
                }
            }
        }
    },
    lintOnSave:false                     //关闭eslint校验
}
```

其中target属性中的路径是一个免费的天气预报API接口，接下来使用这个接口来实现跨域访问。首先访问http://www.tianqiapi.com/index，打开API文档，注册自己的开发账号，然后进入个人中心，即可查看appid和appsecret的数值，如图11-2所示。

图 11-2　查看 appid 和 appsecret 的数值

进入专业七日天气的接口界面，下面会给出一个请求的路径，这个路径就是跨域请求的地址。完成上面的配置后，在axiosdemo项目的HelloWorld.vue组件中实现跨域请求：

```
<template>
    <div class="hello">
        {{city}}
    </div>
</template>
<script>
export default {
    name: 'HelloWorld',
```

```
    data(){
      return{
        city:""
      }
    },
    created() {
    //保存Vue实例，因为在axios中，this指向的就不是Vue实例了，而是axios
    var that=this;
    this.axios.get('/api')
          .then(function (response) {
            that.city =response.data.city
            console.log(response);
          })
          .catch(function(error){
            console.log(error);
          })
      }
    }
</script>
```

在浏览器中运行axiosdemo项目，在控制台中可以看到跨域请求的数据，页面中同时会显示请求的城市，如图11-3所示。

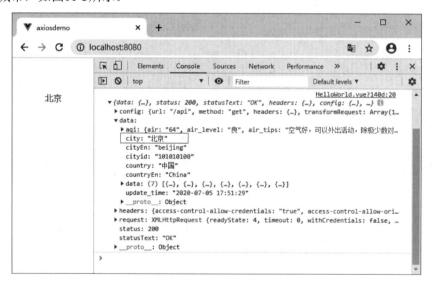

图 11-3　跨域请求数据

11.3.4　并发请求

很多时候，可能需要同时调用多个后台接口，可以利用Promise来实现这个功能。例如：

```
//定义请求方法
function get1(){
      return this.axios.get('/data/user.json');
    }
function get2(){
```

```
        return this.$axios.get('/api');
    }
Promise.all([get1(),get2()])
    .then(function (results){
        //两个请求都执行完成
        const name = results[0];        //get1()函数返回的结果
        const password = results[1];  // get2()函数返回的结果
});
```

11.4　axios API

可以通过向axios传递相关配置来创建请求。get请求和post请求的调用形式如下：

```
//发送 get 请求
axios({
    method:'get',
    url: '/user/12345',
});
// 发送 post 请求
axios({
    method: 'post',
    url: '/user/12345',
    data: {
      firstName: 'Fred',
      lastName: 'Flintstone'
    }
});
```

为方便起见，axios库为所有支持的请求方法提供了别名。代码如下：

```
axios.request(config)
axios.get(url[, config])
axios.delete(url[, config])
axios.head(url[, config])
axios.post(url[, data[, config]])
axios.put(url[, data[, config]])
axios.patch(url[, data[, config]])
```

在使用别名方法时，url、method、data这些属性都不必在配置中指定。

11.5　请求配置

　　axios库为请求提供了配置对象，在该对象中可以设置很多选项，常用的是url、method、headers和params。其中只有url是必需的，如果没有指定method，则请求将默认使用get方法。配置对象完整内容如下：

```
{
    // 'url' 是用于请求的服务器 URL
    url: '/user',
    // 'method' 是创建请求时使用的方法
    method: 'get', // 默认是 get
    // 'baseURL'将自动加在'url' 前面，除非'url' 是一个绝对 URL
    // 它可以通过设置一个'baseURL' 便于为axios实例的方法传递相对 URL
    baseURL: 'https://some-domain.com/api/',
    // 'transformRequest'允许在向服务器发送前修改请求数据
    // 只能用在 'PUT'、'POST' 和 'PATCH' 这几个请求方法中
    // 后面数组中的函数必须返回一个字符串，或 ArrayBuffer，或 Stream
    transformRequest: [function (data) {
    // 对 data 进行任意转换处理
      return data;
    }],
    // 'transformResponse' 在传递给 then/catch 前，允许修改响应数据
    transformResponse: [function (data) {
      // 对 data 进行任意转换处理
      return data;
    }],
    // 'headers' 是即将被发送的自定义请求头，这里使用Ajax 请求
    headers: {'X-Requested-With': 'XMLHttpRequest'},
    // 'params' 是即将与请求一起发送的 URL 参数
    // 必须是一个无格式对象(plain object)或 URLSearchParams 对象
    params: {
      ID: 12345
    },
    // 'paramsSerializer' 是一个负责'params' 序列化的函数
    // (e.g. https://www.npmjs.com/package/qs, http://api.jquery.com/jquery.param/)
    paramsSerializer: function(params) {
      return Qs.stringify(params, {arrayFormat: 'brackets'})
    },
    // 'data' 是作为请求主体被发送的数据
    // 只适用于这些请求方法 'PUT'、'POST'和'PATCH'
    // 在没有设置'transformRequest'时，必须是以下类型之一
    // - string, plain object, ArrayBuffer, ArrayBufferView, URLSearchParams
    // - 浏览器专属: FormData, File, Blob
    // - Node 专属: Stream
    data: {
      firstName: 'Fred'
    },
    // 'timeout'指定请求超时的毫秒数(0 表示无超时时间)
    // 如果请求超过'timeout'的时间，则请求将被中断
    timeout: 1000,
    // 'withCredentials' 表示跨域请求时是否需要使用凭证
    withCredentials: false, // 默认的
    // 'adapter'允许自定义处理请求，以使测试更轻松
    // 返回一个 promise 并应用一个有效的响应 (查阅 [response docs](#response-api))
    adapter: function (config) {
      /* ... */
    },
```

```
// 'auth' 表示应该使用 HTTP 基础验证，并提供凭据
// 这将设置一个'Authorization' 头，覆写掉现有的任意使用'headers'设置的自定义
// 'Authorization'头
auth: {
  username: 'janedoe',
  password: 's00pers3cret'
},
// 'responseType' 表示服务器响应的数据类型，可以是 'arraybuffer', 'blob',
// 'document', 'json', 'text', 'stream'
responseType: 'json', // 默认的
// 'xsrfCookieName' 是用作 xsrf token 的值的cookie的名称
xsrfCookieName: 'XSRF-TOKEN', // default
// 'xsrfHeaderName' 是承载 xsrf token 的值的 HTTP 头的名称
xsrfHeaderName: 'X-XSRF-TOKEN', // 默认的
// 'onUploadProgress' 允许为上传处理进度事件
onUploadProgress: function (progressEvent) {
  // 对原生进度事件的处理
},
// 'onDownloadProgress' 允许为下载处理进度事件
onDownloadProgress: function (progressEvent) {
  // 对原生进度事件的处理
},
 // 'maxContentLength' 定义允许的响应内容的最大尺寸
maxContentLength: 2000,
// 'validateStatus' 定义对于给定的HTTP响应状态码是resolve或reject promise。
// 如果'validateStatus' 返回 'true' (或者设置为 'null' 或 'undefined'),
// 则promise 将被 resolve；否则，promise 将被 rejecte
validateStatus: function (status) {
  return status >= 200 && status < 300; // 默认的
},
// 'maxRedirects' 定义在 Node.js 中 follow 的最大重定向数目
// 如果设置为0，则不会 follow 任何重定向
maxRedirects: 5, // 默认的
// 'httpAgent' 和 'httpsAgent' 分别在 Node.js 中用于定义在执行 HTTP 和 HTTPS 时
// 使用的自定义代理。允许像这样配置选项
// 'keepAlive' 默认没有启用
httpAgent: new http.Agent({ keepAlive: true }),
httpsAgent: new https.Agent({ keepAlive: true }),
// 'proxy' 定义代理服务器的主机名称和端口
// 'auth' 表示 HTTP 基础验证应当用于连接代理，并提供凭据
// 这将会设置一个 'Proxy-Authorization' 头，覆写掉已有的通过使用 'header' 设置的
// 自定义 'Proxy-Authorization' 头
proxy: {
  host: '127.0.0.1',
  port: 9000,
  auth: : {
    username: 'mikeymike',
    password: 'rapunz3l'
  }
},
// 'cancelToken' 指定用于取消请求的 cancel token
```

```
        cancelToken: new CancelToken(function (cancel) {
        })
}
```

11.6 创建实例

可以使用自定义配置新建一个axios实例，之后使用该实例向服务端发起请求，这样就不用每次请求时重复设置选项了。使用axios.create([config])方法创建axios实例，代码如下：

```
const instance = axios.create({
    baseURL: 'https://some-domain.com/api/',
    timeout: 1000,
    headers: {'X-Custom-Header': 'foobar'}
});
```

11.7 配置默认选项

使用axios请求时，对于相同的配置选项，可以设置为全局的axios默认值。配置选项在Vue.js的main.js文件中设置，代码如下：

```
axios.defaults.baseURL = 'https://api.example.com';
axios.defaults.headers.common['Authorization'] = AUTH_TOKEN;
axios.defaults.headers.post['Content-Type'] = 'application/x-www-form-urlencoded';
```

也可以在自定义实例中配置默认值，这些配置选项只有在使用该实例发起请求时才生效。代码如下：

```
// 创建实例时设置配置的默认值
const instance = axios.create({
  baseURL: 'https://api.example.com'
});
// 在实例已创建后修改默认值
instance.defaults.headers.common['Authorization'] = AUTH_TOKEN;
```

配置会以一个优先顺序进行合并。首先在lib/defaults.js中找到库的默认值，然后是实例的defaults属性，最后是请求的config参数。例如：

```
// 使用由库提供的配置的默认值来创建实例
// 此时超时配置的默认值是 '0'
var instance = axios.create();
// 覆写库的超时默认值
// 现在，在超时前，所有请求都会等待2.5秒
instance.defaults.timeout = 2500;
// 为已知需要花费很长时间的请求覆写超时设置
instance.get('/longRequest', {
    timeout: 5000
});
```

11.8　拦截器

拦截器在请求或响应被then方法或catch方法处理前拦截它们，从而可以对请求或响应做一些操作。示例代码如下：

```
// 添加请求拦截器
axios.interceptors.request.use(function (config) {
    // 在发送请求之前做些什么
    return config;
}, function (error) {
    // 对请求错误做些什么
    return Promise.reject(error);
});
// 添加响应拦截器
axios.interceptors.response.use(function (response) {
    // 对响应数据做些什么
    return response;
}, function (error) {
    // 对响应错误做些什么
    return Promise.reject(error);
});
```

如果想在稍后移除拦截器，可以执行下面的代码：

```
var myInterceptor = axios.interceptors.request.use(function () {/*...*/});
axios.interceptors.request.eject(myInterceptor);
```

可以为自定义axios实例添加拦截器：

```
var instance = axios.create();
instance.interceptors.request.use(function () {/*...*/});
```

11.9　Vue.js 3.x 的新变化——替代 Vue.prototype

在Vue.js 2.x版本中，使用axios的代码如下：

```
import Vue from 'vue'
import axios from 'axios'
Vue.prototype.axios = axios;
```

在Vue.js 3.x版本中，使用app.config.globalProperties来代替prototype，具体用法如下：

```
import {createApp} from 'vue';
import axios from 'axios';
const app = createApp();
app.config.globalProperties.axios = axios;
```

这里需要注意的是，config.globalProperties这个属性是应用自己才有的，而mount会返回实例，无法实现全局挂载。因此，在实施链式写法的时候，需要先设置congfig.globalProperties，然后进行mount()，所以下面的写法是错误的。

```
// 错误示范
import {createApp} from 'vue';
import axios from 'axios';
const app = createApp().mount('#app');        //先设置全局属性，再进行挂载
app.config.globalProperties.axios = axios;
```

11.10　案例实战——显示近 7 日的天气情况

本节将使用axios库请求天气预报的接口，在页面中显示近7日的天气情况。具体代码如下：

```
<!DOCTYPE html>
<html>
<head>
    <meta charset="UTF-8">
    <title>7天天气预报</title>
    <script src="https://unpkg.com/vue@3/dist/vue.global.js"></script>
    <script src="axios.min.js"></script>
</head>
<body>
    <div id="app">
        <div class="hello">
            <h2>{{city}}</h2>
            <h4>今天:{{date}} {{week}}</h4>
            <h4>{{message}}</h4>
            <ul>
                <li v-for="item in obj">
                    <div>
                        <h3>{{item.data}}</h3>
                        <h3>{{item.week}}</h3>
                        <img :src="get(item.wea_img)" alt="">
                        <h3>{{item.wea}}</h3>
                    </div>
                </li>
            </ul>
        </div>
    </div>
    <script src="axios.js"></script>

    <script>
        const vm = Vue.createApp({
            name: 'HelloWorld',
            data() {
                return {
                    city: "",
```

```
                obj: [],
                date: "",
                week: "",
                message: ""
            }
        },
        methods: {
            //定义get方法，拼接图片的路径
            get(sky) {
                return "https://xintai.xianguomall.com/skin/pitaya/" + sky +
".png"
            }
        },
        created() {
            this.get(); //页面开始加载时调用get方法
            var that = this;
    axios.get("https://yiketianqi.com/api?version=v9&appid=48432795&appsecret=P4p1
Q3cE&city=北京")
                .then(function(response) {
                    //处理数据
                    that.city = response.data.city;
                    that.obj = response.data.data;
                    that.date = response.data.data[0].date;
                    that.week = response.data.data[0].week;
                    that.message = response.data.data[0].air_tips;
                })
                .catch(function(error) {
                    console.log(error)
                })
        }
    }).mount("#app");
</script>
<style scoped>
    h2,
    h4 {
        text-align: center;
    }
    li {
        float: left;
        list-style-type: none;
        width: 200px;
        text-align: center;
        border: 1px solid red;
    }
</style>
    </div>
</body>
</html>
```

在浏览器中运行上述程序，页面效果如图11-4所示。

图 11-4   7 日天气预报

注意 如果上述案例预览中没有显示天气情况的数据，此时读者需要参照11.3.3节的内容申请天气预报的最新appid和appsecret的数值。

第 12 章

使用Vue Router进行路由管理

在传统的多页面应用中，不同页面之间的跳转都需要向服务器发起请求，服务器处理请求后向浏览器推送页面。但是，在单页面应用中，整个项目中只会存在一个HTML文件，当用户切换页面时，只是通过对这个唯一的HTML文件进行动态重写，从而达到响应用户的请求。由于访问的页面并不是真实存在的，页面间的跳转都是在浏览器端完成的，这就需要用到前端路由。本章将重点学习路由管理器Vue Router。

12.1 使用 Vue Router

本节来看一下如何在HTML页面和项目中使用Vue Router。

12.1.1 在HTML页面使用路由

在HTML页面中使用路由有以下几个步骤。

01 首先将Vue Router添加到HTML页面，这里采用直接引用CDN的方式添加前端路由。

```
<script src="https://unpkg.com/vue-router@next"></script>
```

02 使用router-link标签来设置导航链接：

```
<!-- 默认渲染成 a 标签 -->
<router-link to="/home">首页</router-link>
<router-link to="/list">列表</router-link>
<router-link to="/details">详情</router-link>
```

当然，默认生成的是a标签，如果想要将路由信息生成别的HTML标签，可以使用v-slot API完全定制<router-link>。例如生成的标签类型为按钮。

```
<!--渲染成 button 标签-->
  <router-link to="/list"  custom v-slot="{navigate}">
```

```
            <button @click="navigate" @keypress.enter="navigate"> 列表</button>
    </router-link>
```

03 指定组件在何处渲染，通过<router-view>指定：

```
<router-view></router-view>
```

当单击router-link标签时，会在<router-view>所在的位置渲染组件的模板内容。

04 定义路由组件，这里定义的是一些简单的组件：

```
const home={template:'<div>home 组件的内容</div>'};
const list={template:'<div>list 组件的内容</div>'};
const details={template:'<div>details 组件的内容</div>'};
```

05 定义路由，在路由中将前面定义的链接和定义的组件一一对应。

```
const routes=[
    {path:'/home',component:home},
    {path:'/list',component:list},
    {path:'/details',component:details},
];
```

06 创建Vue Router实例，将上一步定义的路由配置作为选项传递进来。

```
const router= VueRouter.createRouter({
    //提供要实现的 history 实现。为了方便起见，这里使用 hash history
    history:VueRouter.createWebHashHistory(),
    routes//简写，相当于 routes: routes
});
```

07 在应用实例中调用use()方法，传入上一步创建的router对象，从而让整个应用程序使用路由。

```
const vm= Vue.createApp({});
//使用路由器实例，从而让整个应用都有路由功能
vm.use(router);
vm.mount('#app');
```

至此，路由的配置就完成了。下面演示一下在HTML页面中使用路由。

【例12.1】　在HTML页面中使用路由（源代码\ch12\12.1.html）。

```
<!DOCTYPE html>
<html>
<head>
    <meta charset="UTF-8">
    <title>在HTML页面中使用路由</title>
</head>
<body>
<style>
        #app{
            text-align: center;
        }
        .container {
```

```
            background-color: #55ff7f;
            margin-top: 20px;
            height: 100px;
        }
    </style>
    <div id="app">
        <router-link to="/home">首页</router-link>
        <router-link to="/list"  custom v-slot="{navigate}">
              <button @click="navigate" @keypress.enter="navigate"> 主要产品
</button></router-link>
        <router-link to="/about" >技术服务</router-link>
        <router-link to="/goods"  custom v-slot="{navigate}">
              <button @click="navigate" @keypress.enter="navigate"> 团购商品
</button></router-link>
        <div  class="container">
           <router-view ></router-view>
        </div>
    </div>
    <!--引入Vue文件-->
    <script src="https://unpkg.com/vue@3/dist/vue.global.js"></script>
    <!--引入Vue Router-->
    <script src="https://unpkg.com/vue-router@next"></script>
    <script>
        const home={template:'<div>本公司是科技类型的公司！</div>'};
        const list={template:'<div>本公司的重点产品是洗衣机和冰箱。</p></div>'};
        const about={template:'<div>需要技术支持请联系官方微信codehome6</div>'};
        const goods={template:'<div>需要采购商品请联系官方客服</div>'};
        const routes=[
            {path:'/home',component:home},
            {path:'/list',component:list},
            {path:'/about',component:about},
            {path:'/goods',component:goods},
        ];
        const router= VueRouter.createRouter({
            //提供要实现的路由。为了方便起见，这里使用hash history
            history:VueRouter.createWebHashHistory(),
            routes//简写，相当于routes: routes
        });
        const vm= Vue.createApp({});
        //使用路由器实例，从而让整个应用都有路由功能
        vm.use(router);
        vm.mount('#app');
    </script>
    </body>
    </html>
```

在Chrome浏览器中运行程序，单击"主要产品"按钮，页面下方将显示对应的内容，如图12-1所示。

Vue还可以嵌套路由，例如，在list组件中创建一个导航，导航包含"产品1"和"产品2"两个选项，每个选项的链接对应一个路由和组件。产品1和产品2两个选项分别对应不同的组件。

图 12-1　在 HTML 页面中使用路由

　　因此，在构建URL时，应该让该地址位于/list URL后面，从而更好地表达这种关系。所以，在list组件中又添加了一个router-view标签，用来渲染出嵌套的组件内容。同时，通过在定义routes时，在参数中使用children属性，从而达到配置嵌套路由信息的目的。

【例12.2】　嵌套路由（源代码\ch12\12.2.html）。

```html
<!DOCTYPE html>
<html>
<head>
    <meta charset="UTF-8">
    <title>嵌套路由</title>
<style>
        #app{
            text-align: center;
        }
        .container {
            background-color: #55ff7f;
            margin-top: 20px;
            height: 100px;
        }
    </style>
</head>
<body>
<div id="app">
    <!-- 通过 router-link 标签来生成导航链接 -->
    <router-link to="/home">首页  </router-link>
    <router-link to="/list">主要产品  </router-link>
    <router-link to="/about">关于我们</router-link>
    <div class="container">
        <!-- 将选中的路由渲染到 router-view 下-->
        <router-view></router-view>
    </div>
</div>
<template id="tmpl">
    <div>
        <h3>产品列表</h3>
        <!-- 生成嵌套子路由地址 -->
        <router-link to="/list/poetry1">洗衣机  </router-link>
```

```
        <router-link to="/list/poetry2">  冰箱</router-link>
        <div class="sty">
            <!-- 生成嵌套子路由渲染节点 -->
            <router-view></router-view>
        </div>
    </div>
</template>
<!--引入Vue文件-->
<script src="https://unpkg.com/vue@3/dist/vue.global.js"></script>
<!--引入Vue Router-->
<script src="https://unpkg.com/vue-router@next"></script>
<script>
    const home={template:'<div>主页内容</div>'};
    const list={template:'#tmpl'};
    const about={template:'<div>需要技术支持请联系作者微信codehome6</div>'};
    const poetry1 = {
        template: '<div> 洗衣机产品包括普通洗衣机、洗烘一体机、干衣机等。</div>'
    };
    const poetry2 = {
        template: '<div>冰箱产品包括单门冰箱、双门冰箱、三门冰箱和对开冰箱。</div>'
    };
    // 2.定义路由信息
    const routes = [
        // 路由重定向：当路径为/时，重定向到/list路径
        {
            path: '/',
            redirect: '/list'
        },
        {
            path: '/home',
            component: home,
        },
        {
            path: '/list',
            component: list,
            //嵌套路由
            children: [
                {
                    path: 'poetry1',
                    component: poetry1
                },
                {
                    path: 'poetry2',
                    component: poetry2
                },
            ]
        },
        {
            path: '/about',
            component:about,
        }
```

```
    ];
    const router= VueRouter.createRouter({
        //提供要实现的history实现。为了方便起见，这里使用hash history
        history:VueRouter.createWebHashHistory(),
        routes  //简写，相当于routes: routes
    });
    const vm= Vue.createApp({});
    //使用路由器实例，从而让整个应用都有路由功能
    vm.use(router);
    vm.mount('#app');
</script>
</body>
</html>
```

在Chrome浏览器中运行程序，单击"主要产品"链接，然后单击"洗衣机"链接，效果
如图12-2所示。

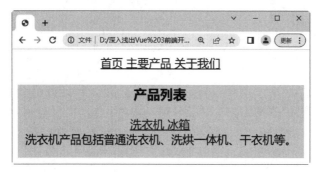

图 12-2　嵌套路由

12.1.2　在项目中使用路由

在Vue脚手架创建的项目中使用路由，可以在创建项目时选择配置路由。

例如，使用vue create router-demo创建项目，在配置选项时，选择手动配置，然后配置Router，
如图12-3所示。

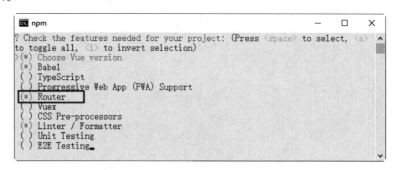

图 12-3　配置路由 Router

项目创建完成之后运行，然后在浏览器中打开项目，可以发现页面顶部有Home和About
两个可切换的选项，如图12-4所示。

这是脚手架默认创建的例子。在创建项目的时候配置路由之后，在使用的时候就不需要再进行配置了。

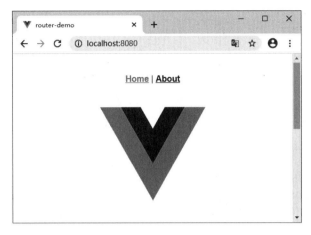

图 12-4 项目运行效果

具体实现和前面的示例基本一样。在项目view目录下可以看到Home和About两个组件，在根组件中创建导航，有Home和About两个选项，使用<router-link>来设置导航链接，通过<router-view>指定Home和About组件在根组件App中渲染，App组件代码如下：

```
<template>
    <div id="app">
      <div id="nav">
        <router-link to="/">Home</router-link> |
        <router-link to="/about">About</router-link>
      </div>
      <router-view/>
    </div>
</template>
```

然后在项目router目录的index.js文件夹下配置路由信息。index.js在main.js文件中进行了注册，所以在项目中可以直接使用路由。

在index.js文件中通过路由把Home和About组件与对应的导航链接对应起来，路由在routes数组中进行配置，代码如下：

```
const routes = [
{
    path: '/',
    name: 'Home',
    component: Home
},
{
    path: '/about',
    name: 'About',
    component: () => import(/* webpackChunkName: "about" */ '../views/About.vue')
}
]
```

在项目中就可以这样来使用路由。

12.2　命名路由

在某些时候，生成的路由URL地址可能会很长，在使用中可能会显得有些不便。这时通过一个名称来标识一个路由更方便一些。因此，在Vue Router中，可以在创建Router实例的时候，通过在routes配置中给某个路由设置名称，从而方便调用路由。

```
routes:[
    {
        path: '/form',
        name: 'router1',
        component: '<div>form组件</div>'
    }
]
```

命名路由之后，在需要使用router-link标签进行跳转时，可以采取给router-link的to属性传一个对象的方式，跳转到指定的路由地址上，例如：

```
<router-link :to="{ name:'router1'}">名称</router-link>
```

【例12.3】　命名路由（源代码\ch12\12.3.html）。

```
<!DOCTYPE html>
<html>
<head>
    <meta charset="UTF-8">
    <title>命名路由</title>
</head>
<body>
<style>
        #app{
            text-align: center;
        }
        .container {
            background-color: #73ffd6;
            margin-top: 20px;
            height: 100px;
        }
</style>
<div id="app">
    <router-link :to="{name:'router1'}">首页  </router-link>
    <router-link :to="{name:'router2'}"> 主要产品</router-link>
    <router-link :to="{name:'router3'}" > 联系我们</router-link>
    <!--路由匹配到的组件将在这里渲染 -->
    <div class="container">
        <router-view ></router-view>
    </div>
```

```
</div>
<!--引入Vue文件-->
<script src="https://unpkg.com/vue@3/dist/vue.global.js"></script>
<!--引入Vue Router-->
<script src="https://unpkg.com/vue-router@next"></script>
<script>
    //定义路由组件
    const home={template:'<div>本公司是科技类型的公司！</div>'};
    const list={template:'<div>本公司的重点产品是洗衣机和冰箱。</div>'};
    const about={template:'<div>需要技术支持请联系作者微信codehome6</div>'};
    const routes=[
        {path:'/home',component:home,name: 'router1',},
        {path:'/list',component:list,name: 'router2',},
        {path:'/about',component:about,name: 'router3',}
    ];
    const router= VueRouter.createRouter({
        //提供要实现的history实现。为了方便起见，这里使用hash history
        history:VueRouter.createWebHashHistory(),
        routes//简写，相当于routes: routes
    });
    const vm= Vue.createApp({});
    //使用路由器实例，从而让整个应用都有路由功能
    vm.use(router);
    vm.mount('#app');
</script>
</body>
</html>
```

在Chrome浏览器中运行程序，效果如图12-5所示。

图 12-5　命名路由

还可以使用params属性设置参数，例如：

```
<router-link :to="{ name: 'user', params: { userId: 123 }}">User</router-link>
```

这跟代码调用router.push()是一样的：

```
router.push({ name: 'user', params: { userId: 123 }})
```

这两种方式都会把路由导航到/user/123路径。

12.3　命名视图

当打开一个页面时，该页面可能是由多个Vue组件构成的。例如，后台管理首页可能是由sidebar（侧导航）、header（顶部导航）和main（主内容）这三个Vue组件构成的。此时，通过Vue Router构建路由信息时，如果一个URL只能对应一个Vue组件，则整个页面是无法正确显示的。

在12.2节构建路由信息的时候，使用到两个特殊的标签：router-view和router-link。通过router-view标签可以指定组件渲染显示到什么位置。当需要在一个页面上显示多个组件的时候，就需要在页面中添加多个router-view标签。

那么，是否可以通过一个路由对应多个组件，然后按需渲染在不同的router-view标签上呢？按照12.2节关于Vue Router的使用方法，很容易实现下面的示例代码。

【例12.4】　测试一个路由对应多个组件（源代码\ch12\12.4.html）。

```html
<!DOCTYPE html>
<html>
<head>
    <meta charset="UTF-8">
    <title>测试一个路由对应多个组件</title>
</head>
<body>
<style>
    #app{
        text-align: center;
    }
    .container {
        background-color: #73ffd6;
        margin-top: 20px;
        height: 100px;
    }
</style>
<div id="app">
    <router-view></router-view>
    <div class="container">
      <router-view></router-view>
      <router-view></router-view>
    </div>
</div>
<template id="sidebar">
    <div class="sidebar">
        侧边栏内容
    </div>
</template>
<!--引入Vue文件-->
<script src="https://unpkg.com/vue@3/dist/vue.global.js"></script>
```

```
<!--引入Vue Router-->
<script src="https://unpkg.com/vue-router@next"></script>
<script>
    // 1.定义路由跳转的组件模板
    const header = {
        template: '<div class="header"> 头部内容 </div>'
    }
    const sidebar = {
        template: '#sidebar',
    }
    const main = {
        template: '<div class="main">主要内容</div>'
    }
    // 2.定义路由信息
    const routes = [{
        path: '/',
        component: header
    }, {
        path: '/',
        component: sidebar
    }, {
        path: '/',
        component: main
    }];
    const router= VueRouter.createRouter({
        //提供要实现的history实现。为了方便起见，这里使用hash history
        history:VueRouter.createWebHashHistory(),
        routes    //简写，相当于routes: routes
    });
    const vm= Vue.createApp({});
    //使用路由器实例，从而让整个应用都有路由功能
    vm.use(router);
    vm.mount('#app');
</script>
</body>
</html>
```

在Chrome浏览器中运行程序，效果如图12-6所示。

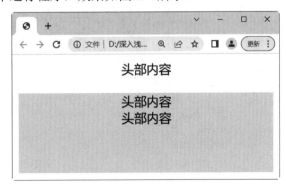

图 12-6　一个路由对应多个组件

可以看到，并没有实现按需渲染组件的效果。当一个路由信息对应多个组件时，无论有多少个router-view标签，程序都会将第一个组件渲染到所有的router-view标签上。

在Vue Router中，可以通过命名视图的方式，实现一个路由信息按照需要渲染到页面中指定的router-view标签。

命名视图与命名路由的实现方式相似，命名视图通过在router-view标签上设定name属性，之后在构建路由与组件的对应关系时，以一种name:component的形式构造出一个组件对象，从而指明在哪个router-view标签上加载什么组件。

> **注意** 在指定路由对应的组件时，使用components（包含s）属性配置组件。

实现命名视图的代码如下：

```html
<div id="app">
    <router-view></router-view>
    <div class="container">
        <router-view name="sidebar"></router-view>
        <router-view name="main"></router-view>
    </div>
</div>
<script>
    // 2.定义路由信息
    const routes = [{
        path: '/',
        components: {
            default: header,
            sidebar: sidebar,
            main: main
        }
    }]
</script>
```

在router-view中，name属性值默认为default，所以这里的header组件对应的router-view标签就可以不设定name属性值。完整示例如下。

【例12.5】 命名视图（源代码\ch12\12.5.html）。

```html
<!DOCTYPE html>
<html>
<head>
    <meta charset="UTF-8">
    <title>测试一个路由对应多个组件</title>
</head>
<body>
<style>
        .style1{
            height: 20vh;
            background: #0BB20C;
            color: white;
        }
```

```
    .style2{
        background: #9e8158;
        float: left;
        width: 30%;
        height: 70vh;
        color: white;
    }
    .style3{
        background: #2d309e;
        float: left;
        width: 70%;
        height: 70vh;
        color: white;
    }
    </style>
<div id="app">
    <div class="style1">
        <router-view></router-view>
    </div>
    <div class="container">
        <div class="style2">
            <router-view name="sidebar"></router-view>
        </div>
        <div class="style3">
            <router-view name="main"></router-view>
        </div>
    </div>
</div>
<template id="sidebar">
    <div class="sidebar">
        侧边栏导航内容
    </div>
</template>
<!--引入Vue文件-->
<script src="https://unpkg.com/vue@3/dist/vue.global.js"></script>
<!--引入Vue Router-->
<script src="https://unpkg.com/vue-router@next"></script>
<script>
    // 1.定义路由跳转的组件模板
    const header = {
        template: '<div class="header"> 头部内容 </div>'
    }
    const sidebar = {
        template: '#sidebar'
    }
    const main = {
        template: '<div class="main">正文部分</div>'
    }
    // 2.定义路由信息
    const routes = [{
        path: '/',
```

```
        components: {
            default: header,
            sidebar: sidebar,
            main: main
        }
    }];
    const router= VueRouter.createRouter({
        //提供要实现的history实现。为了方便起见，这里使用hash history
        history:VueRouter.createWebHashHistory(),
        routes    //简写，相当于routes: routes
    });
    const vm= Vue.createApp({});
    //使用路由器实例，从而让整个应用都有路由功能
    vm.use(router);
    vm.mount('#app');
</script>
</body>
</html>
```

在Chrome浏览器中运行程序，效果如图12-7所示。

图 12-7　命名视图

12.4　路由传参

在很多情况下，例如表单提交、组件跳转之类的操作，需要使用上一个表单、组件的一些数据，这时可以将需要的参数通过传参的方式在路由间进行传递。本节介绍param传参。

param传参就是将需要的参数以key=value的方式放在URL地址中。在定义路由信息时，需要以占位符（:参数名）的方式将需要传递的参数指定到路由地址中，示例代码如下：

```
const routes=[{
    path:'/',
    components:{
        default: header,
        sidebar: sidebar,
        main: main
```

```
        },
        children: [{
            path: '',
            redirect: 'form'
        }, {
            path: 'form',
            name: 'form',
            component: form
        }, {
            path: 'info/:email/:password',
            name: 'info',
            component: info
        }]
    }]
```

因为在使用$route.push进行路由跳转时，如果提供了path属性，则对象中的params属性会
被忽略，所以这里采用命名路由的方式进行跳转，或者直接将参数值传递到路由path路径中。
这里的参数如果不进行赋值的话,就无法与匹配规则对应,也就无法跳转到指定的路由地址中。
params传参的示例如下。

【例12.6】　params传参（源代码\ch12\12.6.html）。

```
<!DOCTYPE html>
<html>
<head>
    <meta charset="UTF-8">
    <title>params传参</title>
</head>
<body>
<style>
        .style1{
            background: #267400;
            color: white;
            padding: 15px;
            margin: 15px 0;
        }
        .main{
            padding: 10px;
        }
    </style>
<body>
<div id="app">
    <div>
        <div class="style1">
            <router-view></router-view>
        </div>
    </div>
    <div class="main">
        <router-view name="main"></router-view>
    </div>
```

```
    </div>
    <template id="sidebar">
        <div>
            <ul>
                <router-link v-for="(item,index) in menu" :key="index" :to="item.url"
tag="li">{{item.name}}
                </router-link>
            </ul>
        </div>
    </template>

    <template id="main">
        <div>
            <router-view></router-view>
        </div>
    </template>
    <template id="form">
        <div>
            <form>
                <div>
                    <label for="exampleInputEmail1">邮箱</label>
                    <input type="email" id="exampleInputEmail1" placeholder="输入电子邮
件" v-model="email">
                </div>
                <div>
                    <label for="exampleInputPassword1">密码</label>
                    <input type="password" id="exampleInputPassword1" placeholder="输入
密码" v-model="password">
                </div>
                <button type="submit" @click="submit">提交</button>
            </form>
        </div>
    </template>
    <template id="info">
        <div>
            <div>
                输入的信息如下：
            </div>
            <div>
                <blockquote>
                    <p>邮箱：{{ $route.params.email }} </p>
                    <p>密码：{{ $route.params.password }}</p>
                </blockquote>
            </div>
        </div>
    </template>
    <!--引入Vue文件-->
    <script src="https://unpkg.com/vue@3/dist/vue.global.js"></script>
    <!--引入Vue Router-->
    <script src="https://unpkg.com/vue-router@next"></script>
    <script>
        // 1.定义路由跳转的组件模板
```

```javascript
const header = {
    template: '<div class="header">用户登录窗口</div>'
}
const sidebar = {
    template: '#sidebar',
    data:function() {
        return {
            menu: [{
                displayName: 'Form',
                routeName: 'form'
            }, {
                displayName: 'Info',
                routeName: 'info'
            }]
        }
    },
}
const main = {
    template: '#main'
}
const form = {
    template: '#form',
    data:function() {
        return {
            email: '',
            password: ''
        }
    },
    methods: {
        submit:function() {
            this.$router.push({   //方式1
                name: 'info',
                params: {
                    email: this.email,
                    password: this.password
                }
            })
        }
    },
}
const info = {
    template: '#info'
}
// 2.定义路由信息
const routes = [{
    path: '/',
    components: {
        default: header,
        sidebar: sidebar,
        main: main
    },
```

```
            children: [{
                path: '',
                redirect: 'form'
            }, {
                path: 'form',
                name: 'form',
                component: form
            }, {
                path: 'info/:email/:password',
                name: 'info',
                component: info
            }]
        }];
        const router= VueRouter.createRouter({
            //提供要实现的history实现。为了方便起见，这里使用hash history
            history:VueRouter.createWebHashHistory(),
            routes   //简写，相当于routes: routes
        });
        const vm= Vue.createApp({
            data(){
                return{
                }
            },
            methods:{},
        });
        vm.use(router);//使用路由器实例，从而让整个应用都有路由功能
        vm.mount('#app');
</script>
</body>
</html>
```

在Chrome浏览器中运行程序，在邮箱框中输入357975357@qq.com，在密码框中输入123456，如图12-8所示；之后单击“提交”按钮，内容传递到info子组件中进行显示，效果如图12-9所示。

图 12-8　输入邮箱和密码

图 12-9　params 传参

12.5　编程式导航

在使用Vue Router时，经常会通过router-link标签生成跳转到指定路由的链接，但是在实际的前端开发中，更多的是通过JavaScript的方式进行跳转。例如，一个很常见的交互需求——用户提交表单，提交成功后跳转到上一个页面，提交失败则留在当前页面。这个时候，如果还是通过router-link标签进行跳转就不合适了，需要通过JavaScript根据表单返回的状态进行动态判断。

在使用Vue Router时，已经将Vue Router的实例挂载到了Vue实例上，可以借助$router的实例方法，通过编写JavaScript代码的方式实现路由间的跳转，而这种方式就是一种编程式的路由导航。

在Vue Router中具有三种导航方法，分别为push、replace和go。最常见的是通过在页面上设置router-link标签进行路由地址间的跳转，就等同于执行了一次push方法。

1. push 方法

当需要跳转新页面时，可以通过push方法将一条新的路由记录添加到浏览器的history栈中，通过history的自身特性，从而驱使浏览器进行页面间的跳转。同时，因为在history会话历史中会一直保留着这个路由信息，所以后退时还是可以退回到当前的页面。

在push方法中，参数可以是一个字符串路径，或者是一个描述地址的对象，这里其实就等同于调用了history.pushState方法。

```
// 字符串 => /first
this.$router.push('first')
//对象=> /first
this.$router.push({ path: 'first' })
//带查询参数=>/first?abc=123
this.$router.push({ path: 'first', query: { abc: '123' }})
```

> 注意　当传递的参数为一个对象，并且当path与params共同使用时，对象中的params属性不会起任何作用，需要采用命名路由的方式进行跳转，或者直接使用带有参数的全路径。

```
const userId = '123'
// 使用命名路由 => /user/123
this.$router.push({ name: 'user', params: { userId }})
// 使用带有参数的全路径 => /user/123
this.$router.push({ path: `/user/${userId}` })
// 这里的 params 不生效 => /user
this.$router.push({ path: '/user', params: { userId }})
```

2. go 方法

当使用go方法时，可以在history记录中向前或者后退多少步，也就是说，通过go方法可以在已经存储的history路由历史中来回跳转。

```
//在浏览器记录中前进一步，等同于history.forward()
this.$router.go(1)
//后退一步记录，等同于history.back()
this.$router.go(-1)
//前进3步记录
this.$router.go(3)
```

3. replace 方法

replace方法同样可以实现路由跳转的目的，从名称中可以看出，它与使用push方法跳转不同。在使用replace方法时，并不会往history栈中新增一条新的记录，而是会替换掉当前的记录，因此无法通过后退按钮再回到被替换前的页面。

```
this.$router.replace({
    path: '/special'
})
```

下面的示例将通过编程式路由实现路由间的切换。

【例12.7】　实现路由间的切换（源代码\ch12\12.7.html）。

```html
<!DOCTYPE html>
<html>
<head>
    <meta charset="UTF-8">
    <title>实现路由间的切换</title>
</head>
<body>
<style>
    .style1{
        background: #0BB20C;
        color: white;
        height: 100px;
    }
</style>
<body>
<div id="app">
    <div class="main">
        <div >
            <button @click="next">前进</button>
            <button @click="goFirst">第1页</button>
            <button @click="goSecond">第2页</button>
            <button @click="goThird">第3页</button>
            <button @click="goFourth">第4页</button>
            <button @click="pre">后退</button>
            <button @click="replace">替换当前页为特殊页</button>
        </div>
        <div class="style1">
            <router-view></router-view>
        </div>
    </div>
</div>
```

```
</div>
<!--引入Vue文件-->
<script src="https://unpkg.com/vue@3/dist/vue.global.js"></script>
<!--引入Vue Router-->
<script src="https://unpkg.com/vue-router@next"></script>
<script>
    const first = {
        template: '<h3>花时同醉破春愁，醉折花枝作酒筹。</h3>'
    };
    const second = {
        template: '<h3>忽忆故人天际去，计程今日到梁州。</h3>'
    };
    const third = {
        template: '<h3>圭峰霁色新，送此草堂人。</h3>'
    };
    const fourth = {
        template: '<h3>终有烟霞约，天台作近邻。</h3>'
    };
    const special = {
        template: '<h3>特殊页面的内容</h3>'
    };

    // 2.定义路由信息
    const routes = [
            {
                path: '/first',
                component: first
            },
            {
                path: '/second',
                component: second
            },
            {
                path: '/third',
                component: third
            },
            {
                path: '/fourth',
                component: fourth
            },
            {
                path: '/special',
                component: special
            }
        ];
    const router= VueRouter.createRouter({
        //提供要实现的history实现。为了方便起见，这里使用hash history
        history:VueRouter.createWebHashHistory(),
        routes   //简写，相当于routes: routes
    });
    const vm= Vue.createApp({
```

```
        data(){
            return{
            }
        },
            methods: {
        goFirst:function() {
            this.$router.push({
                path: '/first'
            })
        },
        goSecond:function() {
            this.$router.push({
                path: '/second'
            })
        },
        goThird:function() {
            this.$router.push({
                path: '/third'
            })
        },
        goFourth:function() {
            this.$router.push({
                path: '/fourth'
            })
        },
        next:function() {
            this.$router.go(1)
        },
        pre:function() {
            this.$router.go(-1)
        },
        replace:function() {
            this.$router.replace({
                path: '/special'
            })
        }
    },
    router: router
});
//使用路由器实例，从而让整个应用都有路由功能
vm.use(router);
vm.mount('#app');
</script>
</body>
</html>
```

在Chrome浏览器中运行程序，单击"第4页"按钮，效果如图12-10所示。

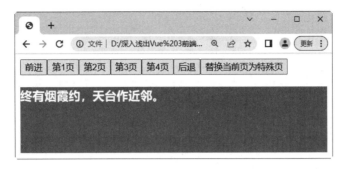

图 12-10　实现路由间的切换

12.6　组件与 Vue Router 间解耦

在使用路由传参的时候，将组件与Vue Router强绑定在一起，这意味着在任何需要获取路由参数的地方，都需要加载Vue Router，使组件只能在某些特定的URL上使用，限制了其灵活性。如何解决强绑定呢？

在之前学习组件相关知识的时候，我们提到过可以通过组件的props选项，来实现子组件接收父组件传递的值。而在Vue Router中，同样提供了通过使用组件的props选项来进行解耦的功能。

12.6.1　布尔模式

在例12.8中，当定义路由模板时，可以指定需要传递的参数为props选项中的一个数据项，通过在定义路由规则时指定props属性为true，即可实现对于组件以及Vue Router之间的解耦。

【例12.8】　布尔模式（源代码\ch12\12.8.html）。

```html
<!DOCTYPE html>
<html>
<head>
    <meta charset="UTF-8">
    <title>布尔模式</title>
</head>
<body>
<style>
    .style1{
        background: #0BB20C;
        color: white;
    }
</style>
<body>
<div id="app">
    <div class="main">
        <div >
            <button @click="next">前进</button>
            <button @click="goFirst">第1页</button>
```

```
            <button @click="goSecond">第2页</button>
            <button @click="goThird">第3页</button>
            <button @click="goFourth">第4页</button>
            <button @click="pre">后退</button>
              <button @click="replace">替换当前页为特殊页</button>
        </div>
        <div class="style1">
            <router-view></router-view>
        </div>
    </div>
</div>
<!--引入Vue文件-->
<script src="https://unpkg.com/vue@3/dist/vue.global.js"></script>
<!--引入Vue Router-->
<script src="https://unpkg.com/vue-router@next"></script>
<script>
    const first = {
        template: '<h3>花时同醉破春愁，醉折花枝作酒筹。</h3>'
    };
    const second = {
        template: '<h3>忽忆故人天际去，计程今日到梁州。</h3>'
    };
    const third = {
        props: ['id'],
        template: '<h3>圭峰霁色新，送此草堂人。---{{id}}</h3>'
    };
    const fourth = {
        template: '<h3>终有烟霞约，天台作近邻。</h3>'
    };
    const special = {
        template: '<h3>特殊页面的内容</h3>'
    };
    // 2.定义路由信息
    const routes = [
            {
                path: '/first',
                component: first
            },
            {
                path: '/second',
                component: second
            },
            {
                path: '/third/:id',
                component: third,
                props: true
            },
            {
                path: '/fourth',
                component: fourth
            },
```

```
            {
                path: '/special',
                component: special
            }
        ];
const router= VueRouter.createRouter({
    //提供要实现的history实现。为了方便起见，这里使用hash history
    history:VueRouter.createWebHashHistory(),
    routes    //简写，相当于routes: routes
});
const vm= Vue.createApp({
    data(){
        return{
        }
    },
        methods: {
        goFirst:function() {
            this.$router.push({
                path: '/first'
            })
        },
        goSecond:function() {
            this.$router.push({
                path: '/second'
            })
        },
        goThird:function() {
            this.$router.push({
                path: '/third'
            })
        },
        goFourth:function() {
            this.$router.push({
                path: '/fourth'
            })
        },
        next:function() {
            this.$router.go(1)
        },
        pre:function() {
            this.$router.go(-1)
        },
        replace:function() {
            this.$router.replace({
                path: '/special'
            })
        }
    },
    router: router
});
//使用路由器实例，从而让整个应用都有路由功能
```

```
    vm.use(router);
    vm.mount('#app');
</script>
</body>
</html>
```

在Chrome浏览器中运行程序，选择"第3页"，然后在URL路径中添加"/abc"，再按回车键，效果如图12-11所示。

图 12-11　布尔模式

提示　上面的示例采用params传参的方式进行参数传递，而在组件中并没有加载Vue Router实例，也完成了对于路由参数的获取。采用此方法只能实现基于params方式进行传参的解耦。

12.6.2　对象模式

针对定义路由规则时，指定props属性为true这一种情况，在Vue Router中，还可以把路由规则的props属性定义成一个对象或函数。如果定义成对象或函数，此时并不能实现对于组件以及Vue Router间的解耦。

将路由规则的props定义成对象后，此时无论路由参数中传递的是何值，最终获取到的都是对象中的值。需要注意的是，props中的属性值必须是静态的，不能采用类似于子组件同步获取父组件传递的值作为props中的属性值。对象模式示例如下。

【例12.9】　对象模式（源代码\ch12\12.9.html）。

```
<style>
    .style1{
        background: #0BB20C;
        color: white;
    }
</style>
<body>
<div id="app">
    <div class="main">
        <div >
            <button @click="next">前进</button>
            <button @click="goFirst">第1页</button>
            <button @click="goSecond">第2页</button>
```

```
            <button @click="goThird">第3页</button>
            <button @click="goFourth">第4页</button>
            <button @click="pre">后退</button>
              <button @click="replace">替换当前页为特殊页</button>
        </div>
        <div class="style1">
            <router-view></router-view>
        </div>
    </div>
</div>
<!--引入Vue文件-->
<script src="https://unpkg.com/vue@3/dist/vue.global.js"></script>
<!--引入Vue Router-->
<script src="https://unpkg.com/vue-router@next"></script>
<script>
    const first = {
        template: '<h3>花时同醉破春愁，醉折花枝作酒筹。</h3>'
    };
    const second = {
        template: '<h3>忽忆故人天际去，计程今日到梁州。</h3>'
    };
    const third = {
        props: ['name'],
        template: '<h3>圭峰霁色新，送此草堂人。---{{name}}</h3>'
    };
    const fourth = {
        template: '<h3>终有烟霞约，天台作近邻。</h3>'
    };
    const special = {
        template: '<h3>特殊页面的内容</h3>'
    };
    // 2.定义路由信息
    const routes = [
        {
            path: '/first',
            component: first
        },
        {
            path: '/second',
            component: second
        },
        {
            path: '/third/:name',
            component: third,
            props: {
                name: 'gushi'
            },
        },
        {
            path: '/fourth',
            component: fourth
```

```
            },
            {
                path: '/special',
                component: special
            }
        ];
    const router= VueRouter.createRouter({
        //提供要实现的history实现。为了方便起见，这里使用hash history
        history:VueRouter.createWebHashHistory(),
        routes    //简写，相当于routes: routes
    });
    const vm= Vue.createApp({
        data(){
            return{
            }
        },
        methods: {
            goFirst:function() {
                this.$router.push({
                    path: '/first'
                })
            },
            goSecond:function() {
                this.$router.push({
                    path: '/second'
                })
            },
            goThird:function() {
                this.$router.push({
                    path: '/third'
                })
            },
            goFourth:function() {
                this.$router.push({
                    path: '/fourth'
                })
            },
            next:function() {
                this.$router.go(1)
            },
            pre:function() {
                this.$router.go(-1)
            },
            replace:function() {
                this.$router.replace({
                    path: '/special'
                })
            }
        },
        router: router
    });
```

```
        //使用路由器实例，从而让整个应用都有路由功能
        vm.use(router);
        vm.mount('#app');
    </script>
```

在Chrome浏览器中运行程序，选择"第3页"，然后在URL路径中添加"/gushi"，再按回车键，效果如图12-12所示。

图 12-12　对象模式

12.6.3　函数模式

在对象模式中，只能接收静态的props属性值，而当使用了函数模式之后，就可以对静态值做数据的进一步加工，或者与路由传参的值进行结合。函数模式示例如下。

【例12.10】　函数模式（源代码\ch12\12.10.html）。

```
<style>
    .style1{
        background: #0BB20C;
        color: white;
    }
</style>
<body>
<div id="app">
    <div class="main">
        <div >
            <button @click="next">前进</button>
            <button @click="goFirst">第1页</button>
            <button @click="goSecond">第2页</button>
            <button @click="goThird">第3页</button>
            <button @click="goFourth">第4页</button>
            <button @click="pre">后退</button>
             <button @click="replace">替换当前页为特殊页</button>
        </div>
        <div class="style1">
            <router-view></router-view>
        </div>
    </div>
</div>
<!--引入Vue文件-->
<script src="https://unpkg.com/vue@3/dist/vue.global.js"></script>
```

```html
<!--引入Vue Router-->
<script src="https://unpkg.com/vue-router@next"></script>
<script>
    const first = {
        template: '<h3>花时同醉破春愁，醉折花枝作酒筹。</h3>'
    };
    const second = {
        template: '<h3>忽忆故人天际去，计程今日到梁州。</h3>'
    };
    const third = {
        props: ['name',"id"],
        template: '<h3>圭峰霁色新，送此草堂人。---{{name}}——{{id}}</h3>'
    };
    const fourth = {
        template: '<h3>终有烟霞约，天台作近邻。</h3>'
    };
    const special = {
        template: '<h3>特殊页面的内容</h3>'
    };
    // 2.定义路由信息
    const routes = [
            {
                path: '/first',
                component: first
            },
            {
                path: '/second',
                component: second
            },
            {
            path: '/third',
            component: third,
            props: (route)=>({
                id:route.query.id,
                name:"xiaohong"
            })
            },
            {
                path: '/fourth',
                component: fourth
            },
            {
                path: '/special',
                component: special
            }
        ];
    const router= VueRouter.createRouter({
        //提供要实现的history实现。为了方便起见，这里使用hash history
        history:VueRouter.createWebHashHistory(),
        routes   //简写，相当于routes: routes
    });
```

```
const vm= Vue.createApp({
    data(){
      return{
      }
    },
    methods: {
        goFirst:function() {
            this.$router.push({
                path: '/first'
            })
        },
        goSecond:function() {
            this.$router.push({
                path: '/second'
            })
        },
        goThird:function() {
            this.$router.push({
                path: '/third'
            })
        },
        goFourth:function() {
            this.$router.push({
                path: '/fourth'
            })
        },
        next:function() {
            this.$router.go(1)
        },
        pre:function() {
            this.$router.go(-1)
        },
        replace:function() {
            this.$router.replace({
                path: '/special'
            })
        }
    },
    router: router
});
//使用路由器实例，从而让整个应用都有路由功能
vm.use(router);
vm.mount('#app');
</script>
```

在Chrome浏览器中运行程序，选择"第3页"，然后在URL路径中输入"?id=123456"，再按回车键，效果如图12-13所示。

图 12-13　函数模式

12.7　案例实战——开发网站会员登录页面

根据12.1.2节所学的知识，创建一个项目user，然后在项目router目录的index.js文件中配置路由信息。index.js在main.js文件中进行了注册，所以在项目中可以直接使用路由。配置index.js的代码如下：

```
import {createRouter, createWebHistory} from 'vue-router'
import Center from '@/components/myCenter'
import Login from '@/components/myLogin'
const router = createRouter({
  history: createWebHistory(),
  routes: [
    {
      path: '/',
      redirect: {
        name: 'center'
      }
    },
    {
      path: '/center',
      name: 'center',
      component: Center,
      meta: {
        title: '用户信息'
      }
    },
    {
      path: '/login',
      name: 'login',
      component: Login,
      meta: {
        title: '登录'
      }
    }
  ]
})
router.beforeEach(to => {
  //判断目标路由是不是/login，如果是，则直接返回true
```

```
  if(to.path == '/login'){
    return true;
  }
  else{
    //否则判断用户是否已经登录，注意这里是字符串判断
    if(sessionStorage.isAuth === "true"){
      return true;
    }
    //如果用户访问的是受保护的资源，且没有登录，则跳转到登录页面
    //并将当前路由的完整路径作为查询参数传给Login组件，以便登录成功后返回先前的页面
    else{
      return {
        path: '/login',
        query: {redirect: to.fullPath}
      }
    }
  }
})

router.afterEach(to => {
  document.title = to.meta.title;
})
export default router
```

在根组件中创建导航，使用<router-link>来设置导航链接，通过<router-view>指定两个组件在根组件App中渲染，App组件代码如下：

```
<template>
  <p>
    ***<router-link :to="{ name: 'login'}">会员登录</router-link>---
    ---<router-link :to="{ name: 'center'}">用户中心</router-link>***
  </p>
  <router-view></router-view>
</template>
<script>
export default {
  name: 'App',
  components: {
  }
}
</script>
<style>
#app {
  font-family: Avenir, Helvetica, Arial, sans-serif;
  -webkit-font-smoothing: antialiased;
  -moz-osx-font-smoothing: grayscale;
  text-align: center;
  color: #0000ff;
  margin-top: 60px;
}
</style>>
```

　　在项目user的src文件夹下创建文件夹components，然后在components文件夹下创建两个组件文件myLogin.vue和myCenter.vue。

　　其中myLogin.vue文件的代码如下：

```
<template>
    <div>
        <h3>{{ info }}</h3>
        <table>
            <caption>用户登录</caption>
            <tbody>
                <tr>
                    <td><label>用户名：</label></td>
                    <td><input type="text" v-model.trim="username"></td>
                </tr>
                <tr>
                    <td><label>口令：</label></td>
                    <td><input type="password" v-model.trim="password"></td>
                </tr>
                <tr>
                    <td cols="2">
                        <input type="submit" value="登录" @click.prevent="login"/>
                    </td>
                </tr>
            </tbody>
        </table>
    </div>
</template>
<script>
export default {
    data(){
        return {
            username: "",
            password: "",
            info: ""     //用于保存登录失败后的提示信息
        }
    },
    methods: {
        login() {
            //实际场景中，这里应该通过Ajax向服务端发起请求来验证
            if("admin" == this.username && "123456" == this.password){
                //sessionStorage中存储的都是字符串值，因此这里实际存储的将是字符串"true"
                sessionStorage.setItem("isAuth", true);
                this.info = "";
                //如果存在查询参数
                if(this.$route.query.redirect){
                    let redirect = this.$route.query.redirect;
                    //跳转到进入登录页前的路由
                    this.$router.replace(redirect);
                }else{
                    //否则跳转到首页
```

```
                    this.$router.replace('/');
                }
            }
            else  if("admin" != this.username)
            {
                sessionStorage.setItem("isAuth", false);
                this.username = "";
                this.password = "";
                this.info = "用户名错误";
            }
            else
            {
                sessionStorage.setItem("isAuth", false);
                this.username = "";
                this.password = "";
                this.info = "口令错误";
            }


        }
    }
}
</script>
```

其中myCenter.vue文件的代码如下：

```
<template>
    <div>用户登录成功！<br> 用户中心</div>
    <div>用户编号：100001</div>
    <div>用户级别：黑金</div>
    <div>用户余额：6888888元</div>
</template>
<script>
export default {
}
</script>
<style>
#div {
  font-family: Avenir, Helvetica, Arial, sans-serif;
 -webkit-font-smoothing: antialiased;
 -moz-osx-font-smoothing: grayscale;
  text-align: center;
  color: #ff0000;
  margin-top: 60px;
}
}
</style>
```

运行项目user，预览效果如图12-14所示。输入用户名admin，口令为123456，进入用户中心页面，效果如图12-15所示。

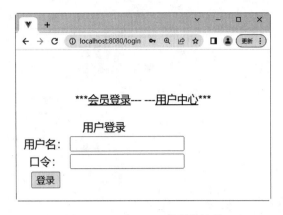 

图 12-14   项目 user 的预览效果   图 12-15   用户中心页面

第 **13** 章

状态管理框架Vuex

在第10章介绍了父子组件之间的通信方法。在实际项目开发中，经常会遇到多个组件需要访问同一数据的情况，且都需要根据数据的变化做出响应，而这些组件之间可能并不是父子组件这种简单的关系。这种情况下，就需要一个全局的状态管理方案。Vuex是一个数据管理的插件，是实现组件全局状态（数据）管理的一种机制，可以方便地实现组件之间数据的共享。

13.1　什么是 Vuex

Vuex是一个专为Vue.js应用程序开发的状态管理模式。它采用集中式存储管理应用的所有组件的数据，并以相应的规则保证数据以一种可预测的方式发生变化。Vuex也集成到Vue的官方调试工具devtools中，提供了诸如零配置的time-travel调试、状态快照导入导出等高级调试功能。

Vuex是一个专为Vue.js应用程序开发的状态管理模式。状态管理模式其实就是数据管理模式，它以集中式存储、管理项目所有组件的数据。

使用Vuex统一管理数据有以下3个好处：

（1）能够在Vuex中集中管理共享的数据，易于开发和后期维护。

（2）能够高效地实现组件之间的数据共享，提高开发效率。

（3）存储在Vuex中的数据是响应式的，能够实时保持数据与页面的同步。

这个状态自管理应用包含以下3个部分：

（1）state：驱动应用的数据源。

（2）view：以声明方式将state映射到视图。

（3）actions：响应在view上的用户输入导致的状态变化。

如图13-1所示，这是一个表示"单向数据流"理念的简单示意图。

但是，当应用遇到多个组件共享状态时，单向数据流的简洁性很容易被破坏，会出现以下两个问题：

（1）多个视图依赖于同一状态。

（2）来自不同视图的行为需要变更为同一状态。

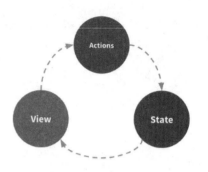

问题一，传参的方法对于多层嵌套的组件将会非常烦琐，并且对于兄弟组件间的状态传递无能为力。

问题二，经常会采用父子组件直接引用或者通过事件来变更和同步状态的多份备份。

图 13-1   单向数据流

以上这些模式非常脆弱，通常会导致代码无法维护。因此，我们为什么不把组件的共享状态抽取出来，以一个全局单例模式管理呢？在这种模式下，组件树构成了一个巨大的"视图"，无论在树的哪个位置，任何组件都能获取状态或者触发行为。

通过定义和隔离状态管理中的各种概念，并通过强制规则维持视图和状态间的独立性，代码将会变得更结构化且易于维护。

这就是Vuex产生的背景，它借鉴了Flux、Redux和The Elm Architecture。与其他模式不同的是，Vuex是专门为Vue.js设计的状态管理库，以利用Vue.js的细粒度数据响应机制进行高效的状态更新。

13.2   安装 Vuex

Vuex使用CDN方式安装：

```
<!-- 引入最新版本-->
<script src="https://unpkg.com/vuex@next"></script>
<!-- 引入指定版本-->
<script src="https://unpkg.com/vuex@4.0.0-rc.1"></script>
```

在使用Vue脚手架开发项目时，可以使用npm或yarn安装Vuex，执行以下命令安装：

```
npm install vuex@next --save
yarn add vuex@next --save
```

安装完成之后，还需要在main.js文件中导入createStore，并调用该方法创建一个store实例，然后使用use()来安装Vuex插件。代码如下：

```
import {createApp} from 'vue'
//引入Vuex
import {createStore} from 'vuex'
const store = createStore({
    state(){
      return{
      count:1
}
    }
```

```
})
const app = createApp({})
app.use(store)
```

13.3　在项目中使用 Vuex

下面来看一下在脚手架搭建的项目中如何使用Vuex的对象。

13.3.1　搭建一个项目

下面使用脚手架来搭建一个项目myvuex，具体操作步骤如下：

01 使用 vue create sassdemo 命令创建项目时，选择手动配置模块，如图 13-2 所示。

02 按回车键，进入模块配置界面，然后通过空格键选择要配置的模块，这里选择 Vuex 来配置预处理器，如图 13-3 所示。

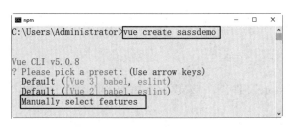

图 13-2　手动配置模块 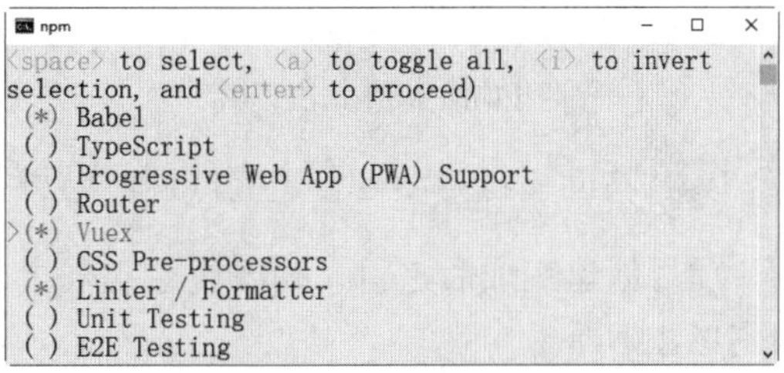　　　　　　　　　　　图 13-3　模块配置界面

03 按回车键，进入选择版本界面，这里选择 3.x 选项，如图 13-4 所示。

04 按回车键，进入代码格式和校验选项界面，这里选择默认的第一项，表示仅用于错误预防，如图 13-5 所示。

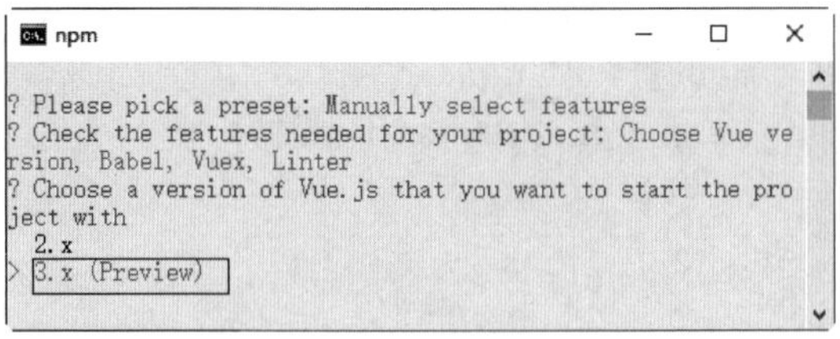

图 13-4　选择 3.x 选项 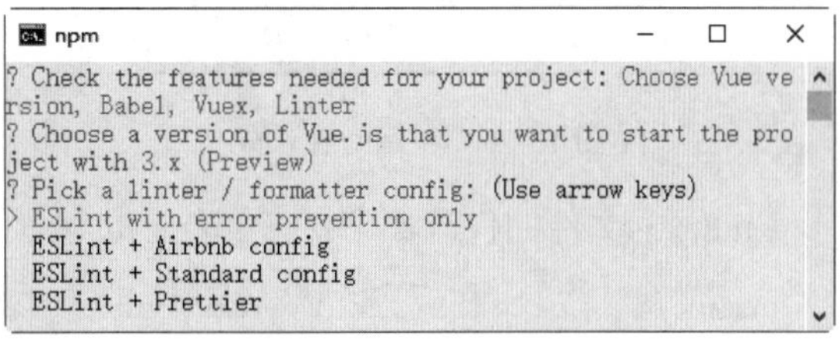　　　　　　　　　　　图 13-5　代码格式和校验选项界面

05 按回车键，进入何时检查代码界面，这里选择默认的第一项，表示保存时检测，如图 13-6 所示。

06 按回车键，接下来设置如何保存配置信息，第 1 项表示在专门的配置文件中保存配置信息，第 2 项表示在 package.json 文件中保存配置信息，这里选择第 1 项，如图 13-7 所示。

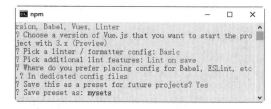

图 13-6　何时检查代码界面   图 13-7　设置如何保存配置信息

07 按回车键，接下来设置是否保存本次设置，如果选择保存本次设置，以后再使用 vue create 命令创建项目时，就会出现保存过的配置供用户选择。这里输入 y，表示保存本次设置，如图 13-8 所示。

08 按回车键，接下来为本次配置取个名字，这里输入 mysets，如图 13-9 所示。

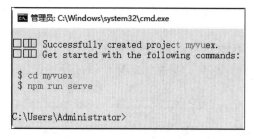

图 13-8　保存本次设置   图 13-9　设置本次设置的名字

09 按回车键，项目创建完成后，结果如图 13-10 所示。

项目创建完成后，目录列表中会出现一个store文件夹，该文件夹中有一个index.js文件，如图13-11所示。

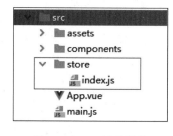

图 13-10　项目创建完成   图 13-11　src 目录结构

index.js文件的代码如下：

```
import { createStore } from 'vuex'
export default createStore({
  state: {
  },
  mutations: {
  },
  actions: {
  },
  modules: {
  }
})
```

13.3.2　state对象

在上一小节的myvuex项目中，可以把共用的数据提取出来，放到状态管理的state对象中。创建项目时已经配置了Vuex，所以直接在store文件夹下的index.js文件中编写即可，代码如下：

```
import { createStore } from 'vuex'
export default createStore({
  state: {
      name:"洗衣机",
      price:8600
  },
  mutations: {},
  actions: {},
  modules: {}
})
```

在HelloWorld.vue组件中，通过this.$store.state.xxx语句可以获取state对象的数据。修改HelloWorld.vue的代码如下：

```
<template>
  <div>
    <h1>商品名称：{{ name }}</h1>
    <h1>商品价格：{{ price }}</h1>
  </div>
</template>
<script>
export default {
  name: 'HelloWorld',
  computed: {
      name(){
          return this.$store.state.name
      },
      price(){
          return this.$store.state.price
      },
  }
}
</script>
```

使用cd mydemo命令进入项目，然后使用脚手架提供的npm run serve命令启动项目，项目启动成功后，会提供本地的测试域名，只需要在浏览器中输入http://localhost:8080/，即可打开项目，如图13-12所示。

图 13-12　访问 state 对象

13.3.3　getter对象

有时候组件中获取到store中的state数据后，需要对其进行加工后才能使用，computed属性中就需要用到写操作函数。如果有多个组件中都需要进行这个操作，那么在各个组件中都要写相同的函数，那样就非常烦锁。

这时可以把这个相同的操作写到store的getters对象中。每个组件只要引用getter就可以了，非常方便。getter就是提取组件中共有的、对state的操作，它就相当于state的计算属性。getter的返回值会根据它的依赖被缓存起来，且只有当它的依赖值发生改变时才会被重新计算。

提示　getter接受state作为其第一个参数。

getters 可以用于监听state中的值的变化，返回计算后的结果，这里修改 index.js 和 HelloWorld.vue文件。

修改index.js文件的代码如下：

```
import { createStore } from 'vuex'

export default createStore({
  state: {
    name:"洗衣机",
    price:8600
  },
  getters: {
    getterPrice(state){
      return state.price+=300
    }
  },
  mutations: {
  },
  actions: {
  },
```

```
  modules: {
  }
})
```

修改HelloWorld.vue的代码如下：

```
<template>
  <div>
    <h1>商品名称：{{ name }}</h1>
    <h1>商品涨价后的价格：{{ getPrice }}</h1>
  </div>
</template>
<script>
export default {
  name: 'HelloWorld',
  computed: {
      name(){
          return this.$store.state.name
       },
      price(){
          return this.$store.state.price
      },
      getPrice(){
          return this.$store.getters.getterPrice
      }
    }
  }
</script>
```

重新运行项目，价格增加了300，效果如图13-13所示。

图 13-13　getter 对象

和state对象一样，getters对象也有一个辅助函数mapGetters，它可以将store中的getter映射到局部计算属性中。首先引入辅助函数mapGetters：

```
import { mapGetters } from 'vuex'
```

例如上面的代码可以简化为：

```
...mapGetters([
```

```
        'varyFrames'
])
```

如果想将一个getter属性另取一个名字，使用对象形式：

```
...mapGetters({
    varyFramesOne:'varyFrames'
})
```

> **注意** 要把循环的名字换成新取的名字varyFramesOne。

13.3.4　mutation对象

修改Vuex的store中的数据，唯一的方法就是提交mutation。Vuex中的mutation类似于事件。每个mutation都有一个字符串的事件类型（type）和一个回调函数（handler）。这个回调函数就是实际进行数据修改的地方，并且它会接受state作为第一个参数。

下面在项目中添加两个<button>按钮，修改的数据将会渲染到组件中。

修改index.js文件的代码如下：

```
import { createStore } from 'vuex'
export default createStore({
  state: {
    name:"洗衣机",
    price:8600
  },
  getters: {
    getterPrice(state){
      return state.price+=300
    }
  },
  mutations: {
    addPrice(state,obj){
      return state.price+=obj.num;
    },
    subPrice(state,obj){
      return state.price -=obj.num;
    }
  },
  actions: {
  },
  modules: {
  }
})
```

修改HelloWorld.vue的代码如下：

```
<template>
 <div>
   <h1>商品名称: {{ name }}</h1>
   <h1>商品的最新价格: {{ price }}</h1>
```

```
        <button @click="handlerAdd()">涨价</button>
        <button @click="handlerSub()">降价</button>
    </div>
</template>
<script>
export default {
  name: 'HelloWorld',
  computed: {
      name(){
          return this.$store.state.name
       },
      price(){
          return this.$store.state.price
        },
      getPrice(){
          return this.$store.getters.getterPrice
        }
    },
  methods: {
      handlerAdd(){
          this.$store.commit("addPrice",{
             num:100
          })
        },
      handlerSub(){
          this.$store.commit("subPrice",{
             num:100
          })
        },
    },
  }
</script>
```

重新运行项目，单击"涨价"按钮，商品价格增加100；单击"降价"按钮，商品价格减少100。效果如图13-14所示。

图 13-14 mutation 对象

13.3.5　action对象

action类似于mutation，不同之处在于：

（1）action提交的是mutation，而不是直接变更数据状态。

（2）action可以包含任意异步操作。

在Vuex中提交mutation是修改状态的唯一方法，并且这个过程是同步的，异步逻辑都应该封装到action对象中。

action函数接受一个与store实例具有相同方法和属性的context对象，因此可以调用context.commit提交一个mutation，或者通过context.state和context.getters来获取state和getters中的数据。

继续修改上面的项目，使用action对象执行异步操作，单击按钮后，异步操作将在3秒后执行。

修改index.js文件的代码如下：

```
import { createStore } from 'vuex'
export default createStore({
  state: {
     name:"洗衣机",
     price:8600
  },
  getters: {
     getterPrice(state){
       return state.price+=300
     }
  },
  mutations: {
     addPrice(state,obj){
        return state.price+=obj.num;
     },
     subPrice(state,obj){
        return state.price-=obj.num;
     }
  },
  actions: {
     addPriceasy(context){
        setTimeout(()=>{
           context.commit("addPrice",{
           num:100
        })
        },3000)
     },
     subPriceasy(context){
        setTimeout(()=>{
           context.commit("subPrice",{
           num:100
        })
```

```
        },3000)
      }
  },
  modules: {
  }
}))
```

修改HelloWorld.vue的代码如下：

```
<template>
  <div>
    <h1>商品名称： {{ name }}</h1>
    <h1>商品的最新价格： {{ price }}</h1>
    <button @click="handlerAdd()">涨价</button>
    <button @click="handlerSub()">降价</button>
    <button @click="handlerAddasy()">异步涨价(3秒后执行)</button>
    <button @click="handlerSubasy()">异步降价(3秒后执行)</button>
  </div>
</template>
<script>
export default {
  name: 'HelloWorld',
  computed: {
      name(){
          return this.$store.state.name
       },
      price(){
          return this.$store.state.price
       },
      getPrice(){
          return this.$store.getters.getterPrice
      }
    },
  methods: {
      handlerAdd(){
          this.$store.commit("addPrice",{
            num:100
          })
       },
      handlerSub(){
          this.$store.commit("subPrice",{
            num:100
          })
       },
      handlerAddasy(){
          this.$store.dispatch("addPriceasy")
       },
      handlerSubasy(){
          this.$store.dispatch("subPriceasy")
       },
    },
```

```
    }
</script>
```

重新运行项目，页面效果如图13-15所示。单击"异步降价(3秒后执行)"按钮，可以发现页面会延迟3秒后减少100元。

图 13-15　action 对象

13.4　案例实战——设计一个商城购物车页面

综合前面所学的状态管理框架Vuex的知识，这里将创建一个商城购物车页面。该页面的主要功能如下：

（1）使用状态管理框架Vuex，用户可以添加新商品的信息，包括商品编码、商品名称、商品产地、商品价格和数量。

（2）用户可以修改商品的数量，也可以删除一个商品。

（3）自动计算商品的总价格。

使用脚手架来搭建一个带有Vuex框架的项目shop，在store文件夹下的index.js文件中编写代码如下：

```
import { createStore } from 'vuex'
import cart from './modules/cart'
const store = createStore({
  modules: {
    cart
  }
})
export default store
```

在store文件夹下创建文件夹modules，在modules文件夹下创建文件cart.js，在该文件中编写代码如下：

```
import goods from '@/data/goods.js'
const cart = {
  namespaced: true,
  state() {
    return {
      items: goods  // 使用导入的goods对items进行初始化
    }
  },
  mutations: {
    pushItemToCart (state, g) {
      state.items.push(g);
    },
    deleteItem (state, id){
      // 根据提交的id载荷，查找是否存在相同id的商品，返回商品的索引
      let index = state.items.findIndex(item => item.id === id);
      if(index >= 0){
        state.items.splice(index, 1);
      }
    },
    incrementItemCount(state, {id, count}){
      let item = state.items.find(item => item.id === id);
      if(item){
        item.count += count; // count为1，则加一；count为-1，则减一
      }
    }
  },
  getters: {
    cartItemPrice(state){
      return function(id){
        let item = state.items.find(item => item.id === id);
        if(item){
          return item.price * item.count;
        }
      }
    },
    cartTotalPrice(state){
      return state.items.reduce((total, item) =>{
        return total + item.price * item.count;
      }, 0);
    }
  },
  actions: {
    addItemToCart(context, g){
      let item = context.state.items.find(item => item.id === g.id);
      // 如果添加的商品已经在购物车中存在，则只增加购物车中商品的数量
      if(item){
        context.commit('incrementItemCount', g);
      }
      // 如果添加的商品是新商品，则加入购物车中
      else{
        context.commit('pushItemToCart', g);
```

```
      }
    }
  }
}

export default cart
```

在src文件夹下创建文件夹data，然后在data文件夹下创建演示数据文件goods.js，该文件的代码如下：

```
export default [
  {
    id: 1,
    title: '风云牌洗衣机',
    city: '上海',
    price: 6800,
    count: 1
  },
  {
    id: 2,
    title: '长垣牌冰箱',
    city: '北京',
    price: 3800,
    count: 1
  },
  {
    id: 3,
    title: '风云牌电视机',
    city: '上海',
    price:5600,
    count: 1
  },
  {
    id: 4,
    title: '长垣牌电风扇',
    city: '北京',
    price:1600,
    count: 1
  }
]
```

App.vue文件中调用的组件为Cart组件，具体代码如下：

```
<template>
  <Cart />
</template>
<script>
import Cart from './components/Cart.vue'
export default {
  name: 'App',
  components: {
    Cart
```

```
  }
}
</script>
<style>
#app {
  font-family: Avenir, Helvetica, Arial, sans-serif;
  -webkit-font-smoothing: antialiased;
  -moz-osx-font-smoothing: grayscale;
  text-align: center;
  color: #2c3e50;
  margin-top: 60px;
}
</style>
```

在Cart.vue组件中，通过this.$store.state.xxx语句可以获取state对象的数据。Cart.vue的代码如下：

```
<template>
  <div>
<table>
  <tr>
    <td colspan="2"><h2>填写新商品的信息</h2></td>
  </tr>
  <tr>
    <td>商品编号</td>
    <td><input type="text" v-model.number="id"></td>
  </tr>
  <tr>
    <td>商品名称</td>
    <td><input type="text" v-model="title"></td>
  </tr>
  <tr>
    <td>商品产地</td>
    <td><input type="text" v-model="city"></td>
  </tr>
  <tr>
    <td>商品价格</td>
    <td><input type="text" v-model="price"></td>
  </tr>
  <tr>
    <td>数量</td>
    <td><input type="text" v-model.number="quantity"></td>
  </tr>
  <tr>
    <td colspan="2"><button @click="addCart">加入购物车</button></td>
  </tr>
</table>
    <table>
      <thead>
  <tr>
    <td colspan="7"><h2>亿丰商城购物车</h2></td>
```

```
        </tr>
            <tr>
            <th>编号</th>
            <th>商品名称</th>
            <th>商品产地</th>
            <th>价格</th>
            <th>数量</th>
            <th>金额</th>
            <th>操作</th>
          </tr>
      </thead>
      <tbody>
        <tr v-for="g in goods" :key="g.id">
          <td>{{ g.id }}</td>
          <td>{{ g.title }}</td>
          <td>{{ g.city}}</td>
          <td>{{ g.price }}</td>
          <td>
            <button :disabled="g.count===0" @click="increment({id: g.id, count:
-1})">-</button>
            {{ g.count }}
            <button @click="increment({id: g.id, count: 1})">+</button>
          </td>
          <td>{{ itemPrice(g.id) }}</td>
          <td><button @click="deleteItem(g.id)">删除</button></td>
        </tr>
      </tbody>
    </table>
    <span>总价：¥{{ totalPrice }}</span>
  </div>
</template>

<script>
import { mapMutations, mapState, mapGetters, mapActions } from 'vuex'
export default {
  data(){
    return {
      id: null,
      title: '',
      city: '',
      price: '',
      quantity: 1
    }
  },
  computed: {
    /* goods(){
     return this.$store.state.items;
    } */
    ...mapState('cart', {
     goods: 'items'
    }),
```

```
      ...mapGetters('cart', {
        itemPrice: 'cartItemPrice',
        totalPrice: 'cartTotalPrice'
      })
    },
    methods: {
      ...mapMutations('cart', {
        addItemToCart: 'pushItemToCart',
        increment: 'incrementItemCount'
      }),
      ...mapMutations('cart', [
        'deleteItem'
      ]),
      ...mapActions('cart', [
        'addItemToCart'
      ]),
      addCart(){
        //this.$store.commit('pushItemToCart', {
        /* this.addItemToCart({
          id: this.id,
          title: this.title,
          city: this.city,
          price: this.price,
          count: this.quantity
        }) */

        //this.$store.dispatch('addItemToCart', {
        this.addItemToCart({
          id: this.id,
          title: this.title,
          city: this.city,
          price: this.price,
          count: this.quantity
        })
        this.id = '';
        this.title = '';
        this.city = '';
        this.price = '';
      }
    }
};
</script>

<style scoped>
div {
  width: 800px;
}
table {
  border: 1px solid black;
  width: 100%;
  margin-top: 20px;
```

```
}
th {
  height: 50px;
}
th, td {
  border-bottom: 1px solid #ddd;
  text-align: center;
}
span {
  float: right;
}
</style>
```

使用cd shop命令进入项目，然后使用脚手架提供的npm run serve命令启动项目，项目启动成功后，会提供本地的测试域名，只需要在浏览器中输入http://localhost:8080/，即可打开项目，如图13-16所示。

图 13-16　商城购物车页面

第 **14** 章

基于Vue的网上商城系统开发

本章将利用Vue.js框架开发网上商城。该购物商城主要售卖的商品为水果和蔬菜，包括商城主页、商品详情页面、商品分类页、商品结算页、个人信息页、订单信息页和支付详情页等。用户可以根据商品的介绍选择适合自己的商品，进行下单购买、支付操作。该系统设计简洁，代码可读性强，易于操作。

14.1 系统功能模块

在开发网上商城系统之前，需要分析该系统有哪些功能。通过不同的功能，划分不同的模块来开发是比较高效的方法。网上购物系统的功能模块如下。

（1）网站首页：展示商品及商城活动。

（2）商品详情页：展示商品的详细信息。

（3）商品分类页：根据商品的类别将商品分类展示。

（4）商品结算页（购物车）：展示想要购买但还未购买的商品和购买商品。

（5）个人信息页：展示用户的个人信息。

（6）订单信息页：展示所购买商品的信息。

（7）支付详情页：展示用户的支付信息。

14.2 使用 Vite 搭建项目

选择好项目存放的目录，使用Vite创建一个项目，项目名称为shop。命令如下：

```
npm init vite-app shop
```

根据网站系统的要求，创建项目的文件结构如下。

（1）node_modules文件夹：通过npm install下载安装的项目依赖包。

（2）public文件夹：存放静态公共资源。

（3）src文件夹：项目开发主要的文件夹。

（4）assets文件夹：存放静态文件。

（5）components文件夹：存放Vue页面。

（6）Details.vue文件：商品详情页面。

（7）Order.vue文件：订单结算页面。

（8）OrderStatus.vue文件：订单信息页面。

（9）TabBar.vue文件：底部导航组件。

（10）topBar.vue文件：头部组件。

（11）router文件夹：存放路由文件。

（12）home文件夹：存放首页。

（13）message文件夹：存放订单页面。

（14）mine文件夹：存放我的信息页面。

（15）myVideo文件夹：存放分类页。

（16）App.vue文件：根组件。

（17）main.ts文件：入口文件。

（18）package.json文件：项目配置和包管理文件。

（19）tsconfig.json文件：编译选项文件。

14.3 设计首页

首页大致可以分成3部分，主要包括网页头部、网页首页、网页页脚部分。下面将分别介绍其中组件的实现，以及涉及的知识点。

14.3.1 页面头部组件

考虑到页面头部组件会在各个页面中复用，因此可以将这部分单独剥离出来，设计成一个组件，命名为topBar组件。

在components目录下新建topBar.vue组件，代码如下：

```
<!-- 首页头部 -->
<template>
  <div class="topBar">
    <div class="flexBox">
      <div class="left">
        <a href="index.html"><img src="src/assets/logo.png" class="img-fluid"
alt="logo-img"></a>
      </div>
      <div class="middle">
```

```
        <a>泽慧果蔬商城</a>
      </div>
      <div class="right">
        <van-icon name="search" />
      </div>
    </div>
  </div>
</template>
```

设计效果如图14-1所示。

图 14-1　页面头部效果

14.3.2　网页首页组件

在home目录下新建index.vue组件。下面将分步创建首页的整体效果。

1. 首页轮播图

该部分用于展示商品图片和活动，此功能通过Vant的van-swipe标签实现，具体实现代码如下：

```
<!-- 首页轮播图 -->
<van-swipe class="swiper-carousel"
lazy-render :autoplay="3000" :show-indicators="false">
    <van-swipe-item v-for="(image, index) in homeImgs" :key="index">
      <img class="lazy_img" :src="image.imgUrl" />
    </van-swipe-item>
</van-swipe>
```

设计效果如图14-2所示。

图 14-2　首页轮播图效果

2. 首页活动

用于展示商城的最新活动和特价商品，实现代码如下：

```
<section class="home-tags">
    <ul class="tags-content">
      <a tag="li" class="tags-item">
        <van-icon class="tags-icon" name="gift-o" style="background-color:
rgb(243, 5, 5);"></van-icon>
        <span class="item-text">限时秒杀</span>
      </a>
      <a tag="li" class="tags-item">
        <van-icon class="tags-icon" name="fire" style="background-color: rgb(148,
12, 211);"></van-icon>
        <span class="item-text">断码清仓</span>
      </a>
      <a tag="li" class="tags-item">
        <van-icon class="tags-icon" name="friends-o" style="background-color:
rgb(12, 115, 211);"></van-icon>
        <span class="item-text">百亿补贴</span>
      </a>
      <a tag="li" class="tags-item">
        <van-icon class="tags-icon" name="gold-coin" style="background-color:
rgb(24, 214, 81);"></van-icon>
        <span class="item-text">签到领券</span>
      </a>
      <a tag="li" class="tags-item">
        <van-icon class="tags-icon" name="vip-card-o" style="background-color:
rgb(240, 224, 8);"></van-icon>
        <span class="item-text">会员专区</span>
      </a>
    </ul>
  </section>
  <section class="spike-area">
    <ul class="spike-top">
      <router-link class="top-left" to="/details" tag="li">
        <div class="item-top">
          <span class="item-title">限时秒杀</span>
          <div class="time-text">
            <span class="eight-time">10点场</span>
            <van-count-down :time="timeData" class="time-count-down">
              <template v-slot="timeData">
                <span class="time-item" v-if="timeData.hours < 10">{{
                  "0" + timeData.hours
                }}</span>
                <span class="time-item" v-else>{{ timeData.hours }}</span>
                <i class="tow-point">:</i>
                <span class="time-item" v-if="timeData.minutes < 10">{{
                  "0" + timeData.minutes
                }}</span>
                <span class="time-item" v-else>{{ timeData.minutes }}</span>
```

```
            <i class="tow-point">:</i>
            <span class="time-item" v-if="timeData.seconds < 10">{{
              "0" + timeData.seconds
            }}</span>
            <span class="time-item" v-else>{{ timeData.seconds }}</span>
          </template>
        </van-count-down>
      </div>
    </div>
    <div class="item-info">
      <div class="item-content">
        <img src="src/assets/home/home4.jpg" style="width: 60px;height: 80px;" />
        <span class="new-price">¥1.8</span>
        <span class="old-price">¥3.6</span>
      </div>
      <div class="item-content">
        <img src="src/assets/home/home5.jpg" style="width: 70px;height: 80px;" />
        <span class="new-price">¥2.6</span>
        <span class="old-price">¥4.8</span>
      </div>
      <div class="item-content">
        <img src="src/assets/home/home6.jpg" style="width: 70px;height: 80px;" />
        <span class="new-price">¥2.9</span>
        <span class="old-price">¥3.9</span>
      </div>
    </div>
  </router-link>
  <router-link class="top-right" to="/details" tag="li">
    <div class="right-header">
      <span class="cat-spike-text">发现好货</span>
      <span class="tag-text">品质好物</span>
    </div>
    <span class="good-item">好吃不贵</span>
    <div class="item-imgs">
      <img src="src/assets/home/home7.jpg" />
      <img src="src/assets/home/home8.jpg" />
    </div>
  </router-link>
</ul>
<ul class="spike-center">
  <router-link class="center-item" to="/details" tag="li">
    <span class="center-title">特价蔬菜</span>
    <span class="center-descr">0.9元抢购</span>
    <img src="src/assets/home/home9.jpg" />
  </router-link>
  <router-link class="center-item" to="/details" tag="li">
    <span class="center-title">特价水果</span>
    <span class="center-descr" style="color: #dd3749">1.8元抢购</span>
    <img src="src/assets/home/home7.jpg" />
  </router-link>
  <router-link class="center-item" to="/details" tag="li">
```

```
                <span class="center-title">新品上市</span>
                <span class="center-descr" style="#FC6380">最新商品</span>
                <img src="src/assets/home/home10.jpg" />
            </router-link>
            <router-link class="center-item" to="/details" tag="li">
                <span class="center-title">满减商品</span>
                <span class="center-descr" style="color: #91c95b">满10减2</span>
                <img src="src/assets/home/home7.jpg" />
            </router-link>
        </ul>
    </section>
```

设计效果如图14-3所示。

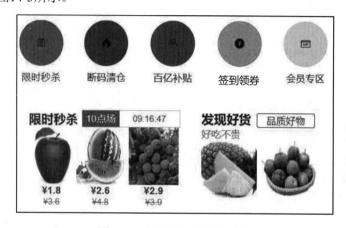

图 14-3　最新活动和特价商品

3. 商品展示

根据热卖、水果、蔬菜、秒杀和特惠5种类型分类展示商品，实现代码如下：

```
<!-- 商品展示 -->
  <div class="content-tabs">
    <van-tabs :swipe-threshold="5" title-inactive-color="#3a3a3a"
title-active-color="#D8182D" background="transparent"
    animated>
    <!-- 遍历商品类别 -->
    <van-tab v-for="(list, index) in
tabArray" :title="list.describe" :name="list.type" :key="index">
        <template #title>
          <div class="slot-title">
            <b class="tab-title">{{ list.title }}</b>
            <span class="tab-name">{{ list.name }}</span>
          </div>
        </template>
        <!-- 遍历不同商品类别中的商品 -->
        <section class="goods-box search-wrap">
          <ul class="goods-content">
            <li v-for="(item, index) in list.list" :key="index">
              <router-link class="goods-img" tag="div" to="/details">
```

```
            <img :src="item.img" />
          </router-link>
          <div class="goods-layout">
            <div class="goods-title">{{ item.productName }}</div>
            <span class="goods-div">{{ item.title }}</span>
            <div class="goods-desc">
              <span class="goods-price">
                <i>{{ item.productCnyPrice }}元/kg</i>
              </span>
              <span class="add-icon">
                +
              </span>
            </div>
          </div>
        </li>
      </ul>
    </section>
  </van-tab>
</van-tabs>
</div>
<div style="height: 100px;"></div>
```

设计效果如图14-4所示。

图 14-4　商品展示效果

14.3.3　网页页脚组件

考虑到页面页脚组件会在各个页面中复用，因此可以将这部分代码单独剥离出来，设计成一个组件，命名为TabBar组件。

在components目录下新建TabBar.vue组件，代码如下：

```
<!-- 底部组件 -->
<template>
  <div class="tabBar">
    <div class="ulbox">
      <router-link to="/">
        <Badge>
          <span class="item">首页</span>
        </Badge>
      </router-link>
      <router-link to="/myVideo">
        <Badge>
          <span class="item">分类</span>
        </Badge>
      </router-link>
      <router-link to="/message">
        <Badge :count="1">
          <span class="item">结算</span>
        </Badge>
      </router-link>
      <router-link to="/mine">
        <Badge>
          <span class="item">我的</span>
        </Badge>
      </router-link>
    </div>
  </div>
</template>
```

设计效果如图14-5所示。

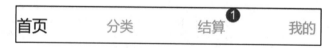

图 14-5　网页页脚效果

14.4　设计商品详情页面

此页面的主要功能为展示商品的详细信息，其中页面中的轮播图通过Vant中的van-swipe标签实现。在components目录下新建Details.vue组件，代码如下：

```
<!-- 商品详情 -->
<template>
    <!-- 头部轮播图 -->
    <div class="details">
        <van-swipe :autoplay="3000" :height="250">
            <van-swipe-item v-for="(image, index) in detailsImgs" :key="index">
                <img v-if="image.imgUrl" :src="image.imgUrl" style="width: 100%;" />
            </van-swipe-item>
        </van-swipe>
    </div>
    <div class="d_v1">
        <p style="color: red; font-size: 25px;">西瓜<van-icon name="like-o"
            style="float: right; margin-right: 10px;"></van-icon></p>
        <p style="font-size: 15px; color: rgb(182, 179, 179);">精品西瓜<a
            style="float: right; font-size: 10px;">月销8000</a></p>
    </div>
    <div class="d_v2">
        <img src="src/assets/sort/tx1.jpg" class="store-header" />
        <p class="store-name">邻家小铺</p>
        <van-button size="small" type="danger" class="jin">进店逛逛</van-button>
    </div>
    <div class="item-details">
        <span>商品详情</span>
        <img src="src/assets/home/home5.jpg" style="width: 100%; padding-top:
10px;" />
    </div>
    <div class="product-footer">
        <van-button style="width: 50%;" type="warning" text="加入购物车" />
        <van-button style="width: 50%;" type="danger" text="立即购买" />
    </div>
    <div style="height: 100px;"></div>
</template>
<script setup lang="ts">
import { reactive } from "vue";
// 轮播图数据
const detailsImgs = reactive(
    [
        {
            id: 1,
            imgUrl: 'src/assets/home/home17.jpg'
        }
    ]
)
</script>
```

设计效果如图14-6所示。

图 14-6   商品详情页面

14.5   设计商品分类页面

此页面主要功能为根据商品的分类展示商品。在myVideo目录下新建index.vue组件，代码如下：

```
<!--商品分类 -->
<template>
    <div class="myVideo">
        <section class="search-wrap" ref="searchWrap">
            <!-- 商品类别 -->
            <div class="nav-side-wrapper">
                <ul class="nav-side">
                    <!-- 遍历出具体的商品类别 -->
                    <li v-for="(item, index) in categoryDatas" :key="index" :class=
"{ active: currentIndex === index }"
                        @click="selectMenu(index)">
                        <span>{{ item.name.slice(0, 2) }}</span>
                        <span>{{ item.name.slice(2) }}</span>
                    </li>
                </ul>
            </div>
            <!-- 不同类别的商品 -->
            <div class="search-content">
                <div class="swiper-container">
```

```
                    <div class="swiper-wrapper">
                        <template v-for="(category, index) in categoryDatas">
                            <div class="swiper-slide" :key="index" v-if="currentIndex
=== index">
                                <div v-for="(products, index) in category.list" :key=
"index">
                                    <router-link to="/details">
                                        <p class="goods-title">{{ products.title }}</p>
                                        <div class="category-list">
                                            <!-- 遍历出具体的商品 -->
                                            <div class="product-item" v-for="(product,
index) in products.productList"
                                                :key="index">
                                                <img class="item-img" :src=
"product.imgUrl" />
                                                <p class="product-title">
{{ product.title }}</p>
                                            </div>
                                        </div>
                                    </router-link>
                                </div>
                            </div>
                        </template>
                    </div>
                </div>
            </div>
        </section>
        <tabbar></tabbar>
    </div>
</template>
<script setup lang="ts">
import { ref, reactive } from "vue";
const searchWrap = ref(null);
const currentIndex = ref(0);
// 修改currentIndex的值为index
const selectMenu = index => {
    currentIndex.value = index;
};
// 商品数据
const categoryDatas = reactive(
    [
        {
            name: '水果',
            mainImgUrl: '',
            list: [
                {
                    title: '水果',
                    productList: [
                        {
                            title: '西瓜',
                            imgUrl: 'src/assets/sort/sort1.png'
```

```
                },
                {

                    title: '葡萄',
                    imgUrl: 'src/assets/sort/sort2.png'
                },
                {

                    title: '菠萝',
                    imgUrl: 'src/assets/sort/sort3.png'
                },
                {

                    title: '橘子',
                    imgUrl: 'src/assets/sort/sort4.png'
                },
                {

                    title: '石榴',
                    imgUrl: 'src/assets/sort/sort5.png'
                },
                {

                    title: '苹果',
                    imgUrl: 'src/assets/sort/sort6.png'
                }
            ]
        }
    ]
},
{
    name: '蔬菜',
    mainImgUrl: '',
    list: [
        {
            title: '蔬菜',
            productList: [
                {
                    title: '西红柿',
                    imgUrl: 'src/assets/sort/sort7.png'
                },
                {

                    title: '西兰花',
                    imgUrl: 'src/assets/sort/sort8.png'
                },
                {

                    title: '胡萝卜',
                    imgUrl: 'src/assets/sort/sort9.png'
                }
            ]
        }
    ]
}
    ]
)
</script>
```

设计效果如图14-7所示。

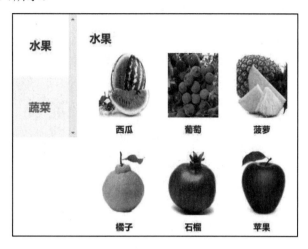

图 14-7　商品分类页面

14.6　设计商品结算页面

此页面的主要功能为展示想要购买但还未购买的商品和购买商品。在message目录下新建index.vue组件，代码如下：

```
<!-- 订单 -->
<template>
  <div class="shop-cart">
    <header class="page-header">
      <div class="header-content">购物车</div>
      <span v-if="cartMode === false" class="appeal-record" @click="setCartMode">
完成</span>
      <span v-if="cartMode === true" class="appeal-record" @click="setCartMode">
编辑</span>
    </header>
    <!-- 购物车为空时显示 -->
    <section class="cart-empty" v-if="clearCart === true">
      <ul class="empty-content">
        <li class="item-text">
          <p>您的购物车空空的哦~</p>
          <p>去看看心仪的商品吧~</p>
        </li>
        <li class="item-btn">
          <router-link to="/" class="hairline-btn" tag="span">立即去购物
</router-link>
        </li>
      </ul>
    </section>
    <!-- 购物车不为空时显示 -->
    <div v-else>
```

```html
<section class="order-card">
  <van-checkbox checked-color="#91C95B" v-model="checked">
    <p class="checkbox-all">
    <div class="store-info">
      <img src="src/assets/sort/tx.jpg" class="header-img" />
      <span>我爱生活</span>
    </div>
    </p>
  </van-checkbox>
  <van-checkbox-group class="order-list">
    <ul v-for="(item, index) in lists" :key="index">
      <div class="order-info">
        <img :src="item.imgSrc" />
        <li class="order-detail">
          <ul>
            <li class="info-one">
              <span>{{ item.desc }}</span>
            </li>
            <li class="info-two">
              <span>{{ item.info }}</span>
            </li>
          </ul>
          <div class="info-count">
            <span>¥{{ item.price }}</span>
            <!-- 修改数量 -->
            <van-stepper v-model="item.num" />
          </div>
        </li>
      </div>
      <div class="order-total">
        <label>合计: </label>
        <!-- 根据数量和价格计算总价 -->
        <span>{{ item.price * item.num }}</span>
      </div>
    </ul>
  </van-checkbox-group>
</section>
</div>
<!-- 结算编辑 -->
<div v-if="clearCart === false">
  <section v-if="cartMode" class="options-edit">
    <van-submit-bar :price="amount" button-text="结算" @submit=
"submitSettlement">
      <van-checkbox checked-color="#91C95B" v-model="checked" @change="quan">
全选</van-checkbox>
    </van-submit-bar>
  </section>
  <section v-else class="options-delete">
    <van-submit-bar button-text="删除" @submit="submitDelete">
```

```
              <van-checkbox checked-color="#91C95B" v-model="checked">全选
</van-checkbox>
          </van-submit-bar>
        </section>
      </div>
      <tabbar></tabbar>
    </div>
  </template>
  <script setup lang="ts">
  import { ref, reactive } from "vue";
  import { useRouter } from 'vue-router';
  const $router = useRouter();
  const checked = ref(false);
  // 编辑完成按钮
  const cartMode = ref(true);
  // 修改编辑按钮
  const setCartMode = () => {
    cartMode.value = !cartMode.value;
  };
  // 结算
  const submitSettlement = () => {
    if (amount.value != 0) {
      $router.push("/order");
    } else {
      alert("请选择结算产品")
    }
  };
  // 删除
  const submitDelete = () => {
    clearCart.value = true
  };
  // 判断购物车是否为空
  const clearCart = ref(false);
  // 结算金额
  const amount = ref(0);
  const quan = () => {
    console.log(checked.value)
    if (checked.value == true) {
      amount.value = 3000 * 10
    } else {
      amount.value = 0
    }
  };
  // 购物车数据
  const lists = reactive(
    [
      {
        imgSrc: 'src/assets/home/home6.jpg',
        info: "一箱",
        price: 100,
        desc: "葡萄",
```

```
        num: 1
      },
      {
        imgSrc: 'src/assets/home/home7.jpg',
        info: "一箱;",
        price: 200,
        desc: "菠萝",
        num: 1
      }
    ]
  );
</script>
```

设计效果如图14-8所示。

图 14-8   商品结算页面

14.7   设计个人信息页面

此页面的主要功能为展示用户信息，其主要包括用户的基本信息和用户的订单信息。
在mine目录下新建index.vue组件，代码如下：

```
<!-- 个人信息 -->
<template>
    <div class="mine-layout">
        <!-- 头像 -->
        <section class="mine-header">
            <img src="src/assets/sort/tx.jpg" class="header-img" />
            <ul class="user-info">
                <li class="user-name">小孟</li>
            </ul>
        </section>
```

```
<section class="my-info">
    <ul class="info-list">
        <li class="info-item">
            <b>666</b>
            <span>商品关注</span>
        </li>
        <li class="info-item">
            <b>88</b>
            <span>店铺关注</span>
        </li>
        <li class="info-item">
            <b>888</b>
            <span>我的足迹</span>
        </li>
    </ul>
</section>
<!-- 订单信息 -->
<section class="order-all">
    <a @click="orderStatus(0)" class="look-orders" tag="span">查看全部订单>>
</a>
    <ul class="order-list">
        <a @click="orderStatus(1)" class="order-item" tag="li">
            <van-icon name="gold-coin-o" size="40"></van-icon>
            <span>待付款</span>
        </a>
        <a @click="orderStatus(2)" class="order-item" tag="li">
            <van-icon name="todo-list-o" size="40"></van-icon>
            <span>待发货</span>
        </a>
        <a @click="orderStatus(3)" class="order-item" tag="li">
            <van-icon name="logistics" size="40"></van-icon>
            <span>待收货</span>
        </a>
        <a @click="orderStatus(4)" class="order-item" tag="li">
            <van-icon name="contact" size="40"></van-icon>
            <span>退换/售后</span>
        </a>
    </ul>
</section>
<section class="mine-content">
    <ul class="options-list">
        <router-link to="/" class="option-item" tag="li">
            <div class="item-info">
<svg-icon class="incon" icon-class="shipping-address"> </svg-icon>
                <span>收货地址</span>
            </div>
            <van-icon name="arrow" color="#DBDBDB" />
        </router-link>
        <router-link to="/" class="option-item" tag="li">
            <div class="item-info">
```

```
                    <svg-icon class="incon" icon-class="message-center">
</svg-icon>
                        <span>消息中心</span>
                    </div>
                    <van-icon color="#DBDBDB" name="arrow" />
                </router-link>
                <router-link to="/" class="option-item" tag="li">
                    <div class="item-info">
                        <svg-icon class="incon" icon-class="help-center"></svg-icon>
                        <span>帮助中心</span>
                    </div>
                    <van-icon color="#DBDBDB" name="arrow" />
                </router-link>
                <router-link to="/" class="option-item" tag="li">
                    <div class="item-info">
                        <svg-icon class="incon" icon-class="setting"></svg-icon>
                        <span>设置</span>
                    </div>
                    <van-icon color="#DBDBDB" name="arrow" />
                </router-link>
            </ul>
        </section>
        <tabbar></tabbar>
    </div>
</template>
```

设计效果如图14-9所示。

图 14-9　个人信息页面

14.8　设计订单信息页面

此页面的主要功能为展示所购买的商品订单。在 components 目录下新建 OrderStatus.vue 组件，代码如下：

```
<!-- 订单信息 -->
<template>
    <!-- 待发货 -->
    <div class="OrderStatus" v-for="(time, index) in orders" :key="index">
        <!-- 根据父组件传递的值判断订单的状态 -->
        <section class="order-card" v-if="time.status == status || status == 0">
            <ul class="order-list">
                <li class="order-item">
                    <div class="store-info">
                        <img :src="time.img" class="header-img" />
                        <span>{{ time.shopName }}</span>
                    </div>
                    <span>{{ time.statusName }}</span>
                </li>
                <li class="order-desc">
                    <img :src="time.imgUrl" />
                    <div class="order-detail">
                        <p class="info-one">
                            <span>{{ time.product }}</span>
                            <i>{{ time.jin }}</i>
                        </p>
                        <p class="info-two">
                            <span>{{ time.specification }}</span>
                            <span>{{ time.quantity }}</span>
                        </p>
                    </div>
                </li>
                <li class="order-total">
                    <span>订单总价: </span>
                    <i>{{ time.totalPrice }}</i>
                </li>
                <li class="order-count">
                    <span>实付款: </span>
                    <i>{{ time.outOfPocket }}</i>
                </li>
            </ul>
        </section>
    </div>
    <div style="height: 100px;"></div>
</template>
<script setup lang="ts">
import { reactive, ref, onMounted } from "vue";
import { useRoute } from 'vue-router';
```

```
const route = useRoute();
const status = ref();
// 接受父组件传的值
onMounted(() => {
    status.value = route.params.id
})
const orders = reactive(
    [
        {
            img: 'src/assets/sort/tx.jpg',
            shopName: '我爱生活',
            imgUrl: 'src/assets/home/home6.jpg',
            status: 1,
            statusName: '待支付',
            product: '葡萄',
            specification: '水果',
            jin: '¥100',
            quantity: 'x2',
            totalPrice: '¥200',
            outOfPocket: '¥200'
        },
        {
            img: 'src/assets/sort/tx.jpg',
            shopName: '我爱生活',
            imgUrl: 'src/assets/home/home5.jpg',
            status: 2,
            statusName: '待发货',
            product: '西瓜',
            specification: '水果',
            jin: '¥200',
            quantity: 'x2',
            totalPrice: '¥400',
            outOfPocket: '¥400'
        },
        {
            img: 'src/assets/sort/tx.jpg',
            shopName: '我爱生活',
            imgUrl: 'src/assets/home/home5.jpg',
            status: 3,
            statusName: '待收货',
            product: '西瓜',
            specification: '水果',
            jin: '¥200',
            quantity: 'x2',
            totalPrice: '¥400',
            outOfPocket: '¥400'
        },
        {
            img: 'src/assets/sort/tx.jpg',
            shopName: '我爱生活',
            imgUrl: 'src/assets/home/home5.jpg',
```

```
            status: 4,
            statusName: '已完成',
            product: '西瓜',
            specification: '水果',
            jin: '¥200',
            quantity: 'x2',
            totalPrice: '¥400',
            outOfPocket: '¥400'
        },
        {
            img: 'src/assets/sort/tx.jpg',
            shopName: '我爱生活',
            imgUrl: 'src/assets/home/home6.jpg',
            status: 4,
            statusName: '已完成',
            product: '葡萄',
            specification: '水果',
            jin: '¥200',
            quantity: 'x2',
            totalPrice: '¥400',
            outOfPocket: '¥400'
        }
    ]
)
</script>
```

设计效果如图14-10所示。

图 14-10 订单信息页面

14.9　路由配置

下面给出本项目的路由配置。在router目录下新建index.js文件，代码如下：

```
import { createRouter, createWebHashHistory } from "vue-router";
const routes = [
    {
        // 首页
        path: "/",
        name: "home",
        meta: { isTab: true },
        component: () => import("@/views/home/index.vue"),
    }, {
        path: "/message",
        name: "message",
        meta: { isTab: true },
        component: () => import("@/views/message/index.vue")
    }, {
        path: "/myVideo",
        name: "myVideo",
        meta: { isTab: true },
        component: () => import("@/views/myVideo/index.vue")
    }, {
        path: "/mine",
        name: "mine",
        meta: { isTab: true },
        component: () => import("@/views/mine/index.vue")
    }, {
        path: "/order",
        name: "order",
        meta: { isTab: true },
        component: () => import("@/components/Order.vue")
    }, {
        // 订单详情
        path: "/orderStatus/:id",
        name: "orderStatus",
        meta: { isTab: true },
        component: () => import("@/components/OrderStatus.vue")
    }, {
        // 商品详情
        path: "/details",
        name: "details",
        meta: { isTab: true },
        component: () => import("@/components/Details.vue")
    }
]
const router = createRouter({
    history: createWebHashHistory(),
```

```
    routes
});
export default router;
```

14.10　系统的运行

打开命令提示符窗口，使用cd命令进入网上商城网站的系统文件夹shop，然后执行命令
npm run dev，如图14-11所示。

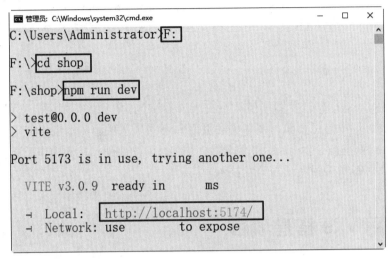

图 14-11　执行命令 npm run dev

把网址复制到浏览器中打开，就能访问本章开发的网上商城网站系统。

第 **15** 章

基于Element Plus的图书借阅系统开发

本章将利用Vue.js框架开发图书借阅系统。该系统包含6个功能模块，分别为登录页面、注册页面、首页、用户信息页面、图书借阅页面和还书信息页面。本章将使用Vite搭建项目，使用Element Puls库创建组件。该系统设计简洁，代码可读性强，易于操作，通过本章的学习，读者可以深入掌握图书借阅系统的开发技术。

15.1　使用 Vite 搭建项目

选择好项目存放的目录，使用Vite创建一个项目，项目名称为mybooks。命令如下：

```
npm init vite-app mybooks
```

本项目中共安装了element-plus和vue-router外置组件和库。

1. 安装Element Plus

Element Puls是一个基于Vue 3.x面向开发者和设计师的组件库，使用它可以快速搭建一些简单的前端页面。Element Puls的具体安装方式如下：

01 在终端输入指令 npm install element-plus --save 安装 Element-plus。

02 在main.js中引入Element plus，具体代码如下：

```
//引入 Element Plus 和 Element icons
import 'element-plus/dist/index.css'
import ElementPlus from 'element-plus'
import * as ElIcons from '@element-plus/icons'
import echarts from './utils/echarts';
import * as ElementPlusIconsVue from '@element-plus/icons-vue'
```

2. 安装vue-router

vue-router是Vue.js下的路由组件，它和Vue.js深度集成，适用于构建单页面应用。vue-router的具体安装方式如下：

01 在终端输入指令 npm install vue-router@next --save 安装 vue-router。

02 在src文件夹下新建router文件夹，并在router夹下新建一个index.js文件。在index.js文件中编写路由信息，具体代码如下：

```
import {createRouter,createWebHashHistory,createWebHistory} from
'vue-router';
import {basicRoutes} from "./basic"
import {constRoutes} from "./const"
import {useUserStore} from '../store/user'
import {getToken} from '../utils/storage'
import { useLayoutStore } from '../store/layout';
//导入nprogress
import NProgress from 'nprogress'
import 'nprogress/nprogress.css'
//从.env 文件中读取配置基本路径
const base=import.meta.env.BASE_URL
const mode=import.meta.env.VITE_ROUTER_HISTORY
// 从.env 文件中读取配置，判断是 hash 模式还是 history 模式
const historyMode=mode==='hash'?createWebHashHistory(base):
createWebHistory(base)
//从.env 文件中读取配置默认标题
const pageTitle=import.meta.env.VITE_DEFAULT_TITLE
//定义一个公共路径集合，任何用户及匿名者都能访问到
export const PUBLIC_PATH=new Set()
basicRoutes.forEach((item)=>PUBLIC_PATH.add(item.path))
const router=createRouter({
    history:historyMode,
    routes:constRoutes,
    strict:true,//禁止尾随斜杠
})
router.beforeEach(async (to) => {
    NProgress.start();
    // 根据是否有 token 判断用户是否登录
    const token = getToken()
    // 如果[未登录]且要访问[不在]公共路径集合中的路径，就跳转到登录页面，并记录之前的页
面地址，用于登录后重新访问
    if (!token && !PUBLIC_PATH.has(to.path))
      return { path: '/login', query: { redirect: to.fullPath } }
    const userStore = useUserStore()
    // 如果已登录但因为刷新后导致保存在内存中的数据(登录信息、动态添加的路由等)丢失
    // 需要再次发起请求重新获取用户信息，并动态添加路由
    if (!userStore['hasUserInfo']) {
      await userStore['getUserInfo']()
      // 要添加个 catch 处理错误
```

```
        return to
      }
    })
  router.afterEach((to)=>{
    NProgress.done();
    document.title=to.meta.title||pageTitle;
    useLayoutStore()['accessRecord'](to)
  })
  export default router;
```

03 在main.js文件中配置vue-router，需要添加的具体代码如下：

```
// 引入 router
import {RouterView} from 'vue-router'
import router from './router/index'
```

该企业网站系统的主要文件结构的含义如下。

（1）public文件夹：存放静态资源公共资源。

（2）assets文件夹：存放静态文件，例如网站图片。

（3）node_modules文件夹：通过npm install下载安装的项目依赖包。

（4）package.json文件：项目配置和包管理文件。

（5）src文件夹：项目主目录。

（6）AppIcon文件夹：处理图标的全局组件。

（7）AppLink文件夹：处理path路径的全局组件。

（8）layout文件夹：页面框架布局文件。

（9）src/components文件夹：存放Vue页面。

（10）views/components文件夹：存放图书管理页面。

（11）profile文件夹：存放用户信息页面。

（12）sys文件夹：存放登录和注册等页面。

（13）App.vue：根组件。

（14）main.js：入口文件。

（15）gitignore：用来配置哪些文件不归git管理。

（16）package.json：项目配置和包管理文件。

（17）tsconfig.json：编译选项。

15.2 设计登录页面

在登录页面中，用户通过输入用户名和密码进行登录。通过验证用户名和密码实现登录验证，当用户名和密码正确时即可登录成功，否则将会登录失败。

在login目录下新建index.Vue组件，代码如下：

```
<!-- 登录页 -->
<template>
```

```
    <div class="admin-login">
      <div class="login-container">
        <div class="login-right">
          <el-form :model="loginFormData">
            <el-form-item label="">
              <el-input prefix-icon="el-icon-user" style="
              height: 44px;
              margin-right: 10px" class="login-input"
v-model="loginFormData.username" placeholder="">
              </el-input>
            </el-form-item>
            <el-form-item label="">
              <el-input prefix-icon="el-icon-lock" style="
              height: 44px;
              margin-right: 10px" class="login-input"
v-model="loginFormData.password" placeholder="">
              </el-input>
            </el-form-item>
            <el-button class="login-btn" type="primary" @click="loginBtn">登录
</el-button>
            <div style="float: right;margin-top: 40px;"><a @click="register">没有账
号? 去注册></a></div>
          </el-form>
        </div>
      </div>
    </div>
  </template>
```

设计效果如图15-1所示。这里默认的用户名为admin，密码为123456。当用户名和密码都正确时，代码会调用路由跳转到首页。

图 15-1　登录页面效果

15.3　设计注册页面

注册页面的主要功能为实现新用户的注册。

在register目录下新建index.Vue组件，代码如下：

```
<!-- 注册页面-->
<template>
  <div class="admin-login">
    <div class="login-container">
      <div class="login-right">
        <el-form :model="loginFormData">
          <el-form-item label="">
            <el-input prefix-icon="el-icon-user" style="
              height: 44px;
              margin-right: 10px" class="login-input" placeholder="用户名">
            </el-input>
          </el-form-item>
          <el-form-item label="">
            <el-input prefix-icon="el-icon-lock" style="
              height: 44px;
              margin-right: 10px" class="login-input" placeholder="密码">
            </el-input>
          </el-form-item>
          <el-button class="login-btn" type="primary" @click="loginBtn">注册
</el-button>
        </el-form>
      </div>
    </div>
  </div>
</template>
```

设计效果如图15-2所示。

图 15-2　注册页面效果

15.4 设计首页

首页的主要功能为展示系统数据，展示方式有两种，一种是直接展示，另一种是通过折线图的方式展示。

在home目录下新建index.Vue组件，代码如下：

```
<!-- 首页 -->
<template>
  <div>
    <el-row>
      <el-col :span="6">
        <div class="head">
          <p class="heap_p1">借出</p>
          <Flag style="width: 50px; height: 50px; float: right;margin-right:
20px;margin-top: -30px;color: crimson;" />
          <p class="heap_p2">2023/1/31-2022/5/31</p>
          <p class="heap_p3"><a>1865700</a><a style="font-size: 20px;color:
#000;">本</a></p>
        </div>
      </el-col>
      <el-col :span="6">
        <div class="head">
          <p class="heap_p1">归还</p>
          <Briefcase
            style="width: 50px; height: 50px; float: right;margin-right: 20px;
margin-top: -30px;color: rgb(238, 6, 114);" />
          <p class="heap_p2">2023/1/31-2022/5/31</p>
          <p class="heap_p3"><a>1200000</a><a style="font-size: 20px;color:
#000;"> 本</a></p>
        </div>
      </el-col>
      <el-col :span="6">
        <div class="head">
          <p class="heap_p1">总收益</p>
          <ShoppingCartFull
            style="width: 50px; height: 50px; float: right;margin-right: 20px;
margin-top: -30px;color: rgb(182, 211, 19);" />
          <p class="heap_p2">2023/1/31-2022/5/31</p>
          <p class="heap_p3"><a>16.66</a><a style="font-size: 20px;color: #000;">
万元</a></p>
        </div>
      </el-col>
      <el-col :span="6">
        <div class="head">
          <p class="heap_p1">图书总数量</p>
          <Histogram
            style="width: 50px; height: 50px; float: right;margin-right: 20px;
margin-top: -30px;color: rgb(97, 20, 220);" />
```

```
            <p class="heap_p2">2023/1/31-2022/5/31</p>
            <p class="heap_p3"><a>8600000</a><a style="font-size: 20px;color:
#000;"> 本</a></p>
          </div>
        </el-col>
      </el-row>
      <!-- 折线图 -->
      <div class="bottom">
        <Statistics :width="'100%'" :height="'500px'"></Statistics>
      </div>
    </div>
  </template>
```

在home目录下新建statistics.vue组件，该组件的主要功能为实现折线图效果，ECharts的安装命令为npm install echarts –save。

statistics.vue的代码如下：

```
<!-- 折线图 -->
<template>
    <div class="echarts-box">
        <div id="myEcharts" :style="{ width: this.width, height:
this.height }"></div>
    </div>
</template>
<script>
import * as echarts from "echarts";
import { onMounted, onUnmounted } from "vue";
export default {
    name: "App",
    props: ["width", "height"],
    setup() {
        let myEcharts = echarts;
        onMounted(() => {
            initChart();
        });
        onUnmounted(() => {
            myEcharts.dispose;
        });
        function initChart() {
        let chart = myEcharts.init(document.getElementById("myEcharts"),
"purple-passion");
            // 折线图的数据和样式
            chart.setOption({
                title: {
                    text: "收益走势",
                    left: "center",
                },
                xAxis: {
                    type: "category",
                    data: [
```

```
                            "一月", "二月", "三月", "四月", "五月", "六月", "七月", "八月", "
九月", "十月", "十一月", "十二月"
                        ]
                },
                tooltip: {
                    trigger: "axis"
                },
                yAxis: {
                    type: "value"
                },
                series: [
                    {
                        data: [
                            1.5, 1.2, 2.6, 2.1, 1.5, 1.7,2.6, 2.1, 2.3, 1.8,3.1, 2.9
                        ],
                        type: "line",
                        itemStyle: {
                            normal: {
                                label: {
                                    show: true,
                                    position: "top",
                                    formatter: "{c}"
                                }
                            }
                        },
                        areaStyle: {
                            color: {
                                type: 'linear',
                                x: 0,
                                y: 0,
                                x2: 0,
                                y2: 1,
                                colorStops: [  // 渐变颜色
                                    {
                                        offset: 0,
                                        color: 'red',
                                    },
                                    {
                                        offset: 1,
                                        color: 'red',
                                    },
                                ],
                                global: false,
                            },
                        },
                    }
                ]
            });
        window.onresize = function () {
            chart.resize();
        };
```

```
        }
        return {
            initChart
        };
    }
};
</script>
```

设计效果如图15-3所示。

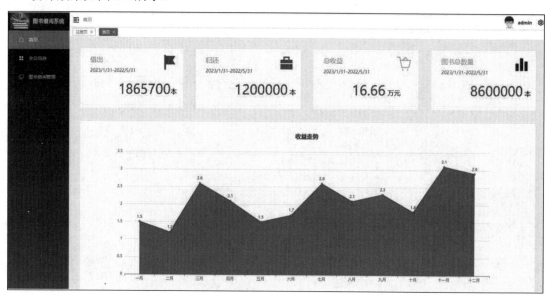

图 15-3   首页效果

15.5   设计会员信息页面

会员信息页面的主要功能为展示用户信息、修改用户信息、新增用户信息、查询用户信息和删除用户信息。具体实现代码如下：

在profile目录下新建index.Vue组件，代码如下：

```
<!-- 用户信息 -->
<template>
    <div>
        <div style="background-color: white;padding-top: 30px;padding-bottom:
80px;">
            <!-- 搜索框 -->
            <div style="margin: 30px;">
                编号：<el-input placeholder="编号" size="large" style="width:
200px;padding-right: 20px;" />
                姓名：<el-input placeholder="姓名" size="large" style="width:
200px;padding-right: 20px;" />
                <el-button link type="primary">搜索</el-button>
```

```
                    <el-button link type="primary">重置</el-button>
                    <el-button link type="success" style="float: right;margin-right:
30px;"
                        @click="dialogVisible = true">新增</el-button>
                </div>
                <!-- 用户列表 -->
                <div style="margin:15px;padding: 10px;">
                    <el-table ref="singleTableRef" :data="tableData" highlight-current-
row style="width: 100%"
                        :header-cell-style="{ textAlign: 'center' }" :cell-style="
{ textAlign: 'center' }" size="medium">
                        <el-table-column type="index" width="100" label="编号" />
                        <el-table-column property="name" label="姓名" />
                        <el-table-column property="gender" label="性别" />
                        <el-table-column property="address" label="详细地址" />
                        <el-table-column property="phone" label="电话" />
                        <el-table-column property="idNumber" label="微信" />
                        <el-table-column property="amount" label="借阅数目" />
                        <el-table-column property="grade" label="等级" />
                        <el-table-column fixed="right" label="操作">
                            <template #default>
                                <el-button link type="success" size="small" @click=
"dialogVisible = true">修改</el-button>
                                <el-button link type="danger" size="small" @click="open">
删除</el-button>
                            </template>
                        </el-table-column>
                    </el-table>
                    <!-- 分页组件 -->
                    <div style="float: right;padding-top: 20px;">
                        <el-pagination :page-size="20" :pager-count="11" layout="prev,
pager, next" :total="1000" />
                    </div>
                </div>
            </div>
            <!-- 编辑框 -->
            <el-dialog v-model="dialogVisible" title="用户信息" width="30%">
                <el-form :model="tableData">
                    <el-form-item label="姓名: ">
                        <el-input />
                    </el-form-item>
                    <el-form-item label="性别: ">
                        <el-select placeholder="请选择性别">
                            <el-option label="男" />
                            <el-option label="女" />
                        </el-select>
                    </el-form-item>
                    <el-form-item label="详细地址: ">
                        <el-input />
                    </el-form-item>
                    <el-form-item label="电话: ">
```

```vue
                <el-input />
            </el-form-item>
            <el-form-item label="微信：">
                <el-input />
            </el-form-item>
            <el-form-item label="借阅数目：">
                <el-input />
            </el-form-item>
            <el-form-item label="等级：">
                <el-input />
            </el-form-item>
        </el-form>
        <!-- 确认删除框 -->
        <template #footer>
            <span>
                <el-button @click="dialogVisible = false">取消</el-button>
                <el-button type="primary" @click="dialogVisible = false">
                    确定
                </el-button>
            </span>
        </template>
    </el-dialog>
  </div>
</template>
<script lang="ts" setup>
import { ref } from 'vue'
import { ElTable, ElMessage, ElMessageBox } from 'element-plus'
interface User {
    // 姓名
    name: string
    // 性别
    gender: string
    // 详细地址
    address: string
    // 电话
    phone: string
    // 微信
    idNumber: string
    // 借阅数目
    amount: string
    // 等级
    grade: string
}
const currentRow = ref()
const singleTableRef = ref<InstanceType<typeof ElTable>>()
// 用户数据
const tableData: User[] = [
    {
        name: '李峰',
        gender: '男',
        address: '北京市XXX号',
```

```
            phone: '100XXXXXXXX',
            idNumber: 'wei******01',
            amount: '28本',
            grade: '白银会员',
            state: '正常',
        },
        {
            name: '天一',
            gender: '男',
            address: '北京市XXX号',
            phone: '100XXXXXXXX',
            idNumber: 'wei******02',
            amount: '26本',
            grade: '黑金会员',
            state: '正常',
        },
        {
            name: '张麻',
            gender: '男',
            address: '北京市XXX号',
            phone: '100XXXXXXXX',
            idNumber: 'wei******03',
            amount: '19本',
            grade: '铂金会员',
            state: '正常',
        },
        {
            name: '王武',
            gender: '男',
            address: '北京市XXX号',
            phone: '100XXXXXXXX',
            idNumber: 'wei******04',
            amount: '23本',
            grade: '白银会员',
            state: '正常',
        },
        {
            name: '李花',
            gender: '男',
            address: '北京市XXX号',
            phone: '100XXXXXXXX',
            idNumber: 'wei******05',
            amount: '16本',
            grade: '白银会员',
            state: '正常',
        },
        {
            name: '江涛',
            gender: '男',
            address: '北京市XXX号',
            phone: '100XXXXXXXX',
```

```
            idNumber: 'wei*******06',
            amount: '12本',
            grade: '白银会员',
            state: '正常',
        }
]
// 删除确认框
const dialogVisible = ref(false)
const open = () => {
    ElMessageBox.confirm(
        '确定要删除此条记录吗?',
        '删除',
        {
            confirmButtonText: '确定',
            cancelButtonText: '取消',
            type: 'warning',
        }
    )
        .then(() => {
            ElMessage({
                type: 'success',
                message: '删除成功',
            })
        })
        .catch(() => {
            ElMessage({
                type: 'info',
                message: '已取消删除',
            })
        })
}
</script>
```

设计效果如图15-4所示。

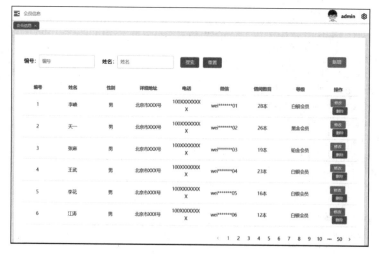

图 15-4   会员信息页面效果

15.6　设计图书借阅信息页面

图书借阅信息页面的主要功能为展示图书借阅信息、修改图书借阅信息、新增图书借阅信息、查询图书借阅信息和删除图书借阅信息。

在 draggabe 目录下新建 index.Vue 组件，代码如下：

```
<!-- 借书信息 -->
<template>
    <div>
        <div style="background-color: white;padding-top: 30px;padding-bottom:
80px;">
            <div style="margin: 30px;">
                姓名：<el-input placeholder="姓名" size="large" style="width: 200px;
padding-right: 20px;" />
                借书时间：<el-input placeholder="借书时间" size="large" style="width:
200px;padding-right: 20px;" />
                <el-button link type="primary">搜索</el-button>
                <el-button link type="primary">重置</el-button>
                <el-button link type="success" style="float: right;margin-right:
30px;" @click="dialogVisible = true">新增</el-button>
            </div>
            <div style="margin:15px;padding: 10px;">
                <el-table ref="singleTableRef" :data="tableData"
highlight-current-row style="width: 100%"
                    :header-cell-style="{ textAlign: 'center' }" :cell-style=
"{ textAlign: 'center' }" size="medium">
                    <el-table-column type="index" width="100" label="编号" />
                    <el-table-column property="name" label="姓名" />
                    <el-table-column property="gender" label="性别" />
                    <el-table-column property="address" label="详细地址" />
                    <el-table-column property="phone" label="电话" />
                    <el-table-column property="idNumber" label="微信" />
                    <el-table-column property="amount" label="借阅数目" />
                    <el-table-column property="date" label="借阅时间" />
                    <el-table-column fixed="right" label="操作">
                        <template #default>
                            <el-button link type="success" size="small" @click=
"dialogVisible = true">修改</el-button>
                            <el-button link type="danger" size="small" @click="open">
删除</el-button>
                        </template>
                    </el-table-column>
                </el-table>
                <!-- 分页组件 -->
                <div style="float: right;padding-top: 20px;">
                    <el-pagination :page-size="20" :pager-count="11" layout="prev,
pager, next" :total="1000" />
                </div>
```

```
            </div>
        </div>
        <!-- 编辑框 -->
        <el-dialog v-model="dialogVisible" title="用户信息" width="30%">
            <el-form :model="tableData">
                <el-form-item label="姓名：">
                    <el-input />
                </el-form-item>
                <el-form-item label="性别：">
                    <el-select placeholder="请选择性别">
                        <el-option label="男" />
                        <el-option label="女" />
                    </el-select>
                </el-form-item>
                <el-form-item label="详细地址：">
                    <el-input />
                </el-form-item>
                <el-form-item label="电话：">
                    <el-input />
                </el-form-item>
                <el-form-item label="微信：">
                    <el-input />
                </el-form-item>
                <el-form-item label="借阅数目：">
                    <el-input />
                </el-form-item>
                <el-form-item label="借书时间：">
                    <el-input />
                </el-form-item>
            </el-form>
            <template #footer>
                <span>
                    <el-button @click="dialogVisible = false">取消</el-button>
                    <el-button type="primary" @click="dialogVisible = false">
                        确定
                    </el-button>
                </span>
            </template>
        </el-dialog>
    </div>
</template>
// 更多代码内容请查看源文件
```

设计效果如图15-5所示。

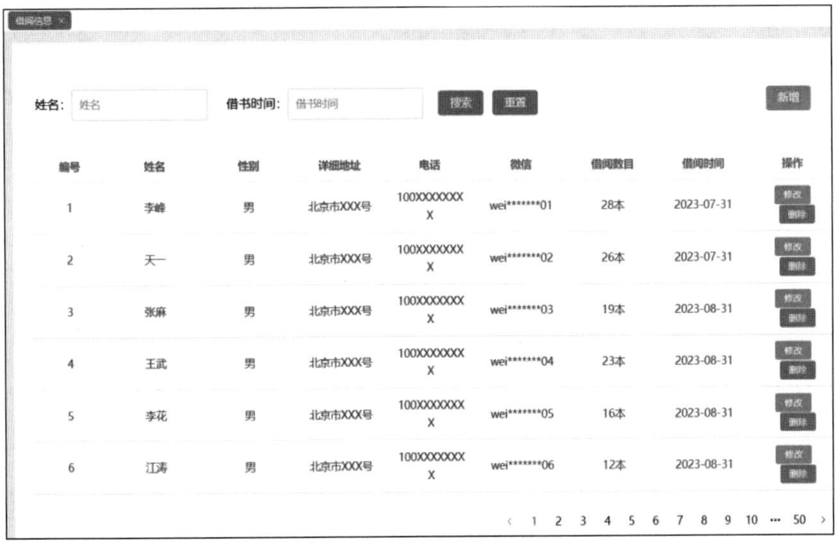

图 15-5　图书借阅信息页面效果

15.7　设计还书信息页面

还书信息页面的主要功能为展示还书信息、修改还书信息、新增还书信息、查询还书信息和删除还书信息。

在count-animation目录下新建index.Vue组件，代码如下：

```
<!-- 还书信息 -->
<template>
    <div>
        <div style="background-color: white;padding-top: 30px;padding-bottom:
80px;">
            <div style="margin: 30px;">
                姓名：<el-input placeholder="姓名" size="large" style="width:
200px;padding-right: 20px;" />
                还书时间：<el-input placeholder="还书时间" size="large" style="width:
200px;padding-right: 20px;" />
                <el-button link type="primary">搜索</el-button>
                <el-button link type="primary">重置</el-button>
                <el-button link type="success" style="float: right;margin-right:
30px;" @click="dialogVisible = true">新增</el-button>
            </div>
            <div style="margin:15px;padding: 10px;">
                <el-table ref="singleTableRef" :data="tableData" highlight-
current-row style="width: 100%"
                    :header-cell-style="{ textAlign: 'center' }" :cell-style=
"{ textAlign: 'center' }" size="medium">
                    <el-table-column type="index" width="100" label="编号" />
                    <el-table-column property="name" label="姓名" />
                    <el-table-column property="idNumber" label="微信" />
```

```html
                <el-table-column property="amount" label="借阅数目" />
                <el-table-column property="date" label="借阅时间" />
                <el-table-column property="repaymentAmount" label="还书数目" />
                <el-table-column property="repaymentDate" label="还书时间" />
                <el-table-column fixed="right" label="操作">
                    <template #default>
                        <el-button link type="success" size="small"
@click="dialogVisible = true">修改</el-button>
                        <el-button link type="danger" size="small" @click="open">
删除</el-button>
                    </template>
                </el-table-column>
            </el-table>
            <!-- 分页组件 -->
            <div style="float: right;padding-top: 20px;">
                <el-pagination :page-size="20" :pager-count="11" layout="prev,
pager, next" :total="1000" />
            </div>
        </div>
    </div>
    <!-- 编辑框 -->
    <el-dialog v-model="dialogVisible" title="用户信息" width="30%">
        <el-form :model="tableData">
            <el-form-item label="姓名：">
                <el-input />
            </el-form-item>
            <el-form-item label="微信：">
                <el-input />
            </el-form-item>
            <el-form-item label="借阅数目：">
                <el-input />
            </el-form-item>
            <el-form-item label="借阅时间：">
                <el-input />
            </el-form-item>
            <el-form-item label="还书数目：">
                <el-input />
            </el-form-item>
            <el-form-item label="还书时间：">
                <el-input />
            </el-form-item>
        </el-form>
        <template #footer>
            <span>
                <el-button @click="dialogVisible = false">取消</el-button>
                <el-button type="primary" @click="dialogVisible = false">
                    确定
                </el-button>
            </span>
        </template>
    </el-dialog>
```

```
    </div>
</template>
// 更多代码内容请查看源文件
```

设计效果如图15-6所示。

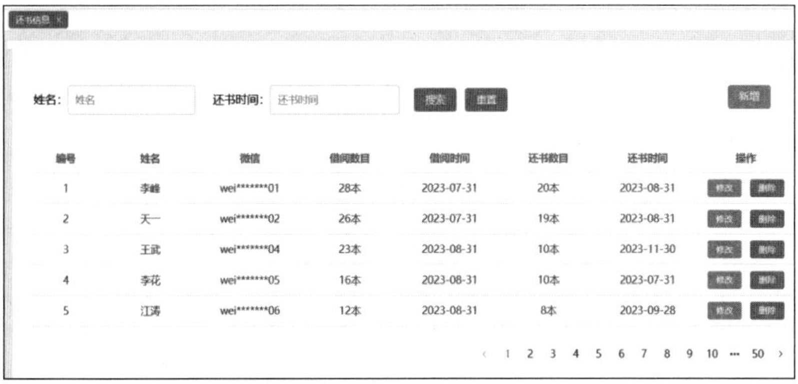

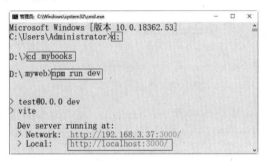

图 15-6　还书信息页面效果

15.8　系统的运行

打开命令提示符窗口，使用cd命令进入图书借阅管理系统的系统文件夹mybooks，然后执行命令npm run dev，如图15-7所示。

图 15-7　执行命令 npm run dev

把网址复制到浏览器中打开，就能访问本章开发的图书借阅管理系统。

15.9　系统的调试

vue-devtools是一款调试Vue.js应用的开发者浏览器扩展，可以在浏览器开发者工具下调试代码。不同的浏览器有不同的安装方法，下面以谷歌浏览器为例，其具体安装步骤如下：

01 打开浏览器，单击"自定义和控制"按钮，在打开的下拉菜单中选择"更多工具"菜单选项，然后在弹出的子菜单中选择"扩展程序"菜单项，如图 15-8 所示。

图 15-8　选择"扩展程序"菜单项

02 在"扩展程序"界面单击"Chrome 网上应用店"链接，如图 15-9 所示。

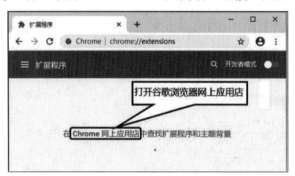

图 15-9　"扩展程序"界面

03 在"chrome 网上应用店"搜索 vue-devtools，如图 15-10 所示。

图 15-10　Chrome 网上应用店

04 搜索结果如图 15-11 所示。点击"添加至 Chrome"按钮添加扩展程序 Vue.js devtools。

图 15-11　添加扩展程序

05 在弹出的窗口中单击"添加扩展程序"按钮，如图 15-12 所示。

06 添加完成后，回到扩展程序界面，可以发现已经显示了 Vue devtools 调试程序，如图 15-13 所示。

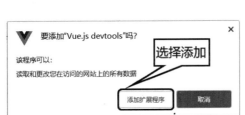

图 15-12　单击"添加扩展程序"按钮

图 15-13　扩展程序界面

07 单击"详细信息"按钮，在展开的页面中选择"允许访问文件网址"选项，如图 15-14 所示。

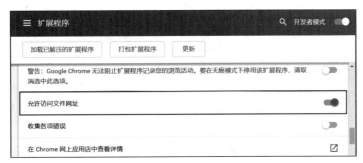

图 15-14　详细信息页面

08 在浏览器窗口中按 F12 键调出开发者工具窗口，选择 Vue 选项，如图 15-15 所示。

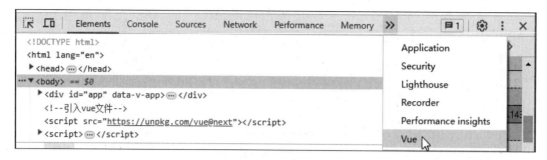

图 15-15　选择 Vue 选项

09 Vue 调试窗口如图 15-16 所示。在该视图中可以看出组件的嵌套关系、Vuex 的状态变化、触发的事件和路由的切换过程等。

图 15-16　Vue 调试窗口